Jitendra Tulshiram Jagtap

# Avaliação da toxicidade do cloreto de tri-butilestanho organoestânico

Jitendra Tulshiram Jagtap

# Avaliação da toxicidade do cloreto de tri-butilestanho organoestânico

## Um estudo de caso de Lamellidens marginalis

ScienciaScripts

**Imprint**
Any brand names and product names mentioned in this book are subject to trademark, brand or patent protection and are trademarks or registered trademarks of their respective holders. The use of brand names, product names, common names, trade names, product descriptions etc. even without a particular marking in this work is in no way to be construed to mean that such names may be regarded as unrestricted in respect of trademark and brand protection legislation and could thus be used by anyone.

Cover image: www.ingimage.com

This book is a translation from the original published under ISBN 978-3-659-58660-6.

Publisher:
Sciencia Scripts
is a trademark of
Dodo Books Indian Ocean Ltd. and OmniScriptum S.R.L publishing group

120 High Road, East Finchley, London, N2 9ED, United Kingdom
Str. Armeneasca 28/1, office 1, Chisinau MD-2012, Republic of Moldova, Europe
Printed at: see last page
**ISBN: 978-620-8-31737-9**

# Índice

Capítulo 1 5

## PREFÁCIO

Uma grande variedade de resíduos industriais, domésticos e agrícolas é descarregada nos sistemas aquáticos, e um grande número de compostos de resíduos pode induzir efeitos perigosos nos organismos aquáticos. Sabe-se que certos contaminantes exercem os seus efeitos através de mecanismos metabolicamente tóxicos, causando simultaneamente danos a longo prazo nos organismos (Jha *et al.,* 2000). Os poluentes dos hidrossistemas existem em misturas complexas onde podem sofrer uma grande variedade de interações e biotransformações. Por conseguinte, é necessária uma compreensão clara dos efeitos cumulativos da poluição ambiental nos sistemas naturais. A crescente sensibilização para os locais de contaminação industrial e municipal conduziu a situações de stress ecológico para os organismos aquáticos. Por conseguinte, é necessário selecionar espécies indicadoras-alvo e biomarcadores sensíveis capazes de incentivar uma avaliação abrangente dos impactos antropogénicos. Os moluscos parecem ser um dos grupos de bioindicadores mais adequados e são frequentemente utilizados em estudos ecotoxicológicos. São organismos sedentários de vida longa, resistentes aos contaminantes e podem sobreviver num ambiente em que outros organismos são eliminados. Devido ao seu estilo de alimentação filtradora ou detritívora, podem acumular substâncias tóxicas e atingir concentrações nos tecidos 100 a 1000 vezes superiores às concentrações que ocorrem normalmente na água.

O estudo das substâncias tóxicas presentes na água e dos seus efeitos adversos, incluindo a mortalidade dos organismos aquáticos, aumentou com a crescente consciencialização dos perigos da poluição discriminada da água. Os estudos toxicológicos dos poluentes estão a ganhar maior importância nos últimos tempos e têm sido feitas tentativas a nível mundial para identificar o "perigo" dos produtos químicos tóxicos presentes ou libertados no ambiente aquático. O estudo da toxicidade é essencial para descobrir o limite dos tóxicos e a sua concentração segura, de modo a minimizar os danos causados à fauna aquática num futuro próximo.

Os compostos organoestânicos compreendem um grande grupo de moléculas organometálicas caracterizadas por um átomo de Sn ligado covalentemente a um ou mais substituintes orgânicos (por exemplo, metilo, etilo, propilo, fenilo). Quimicamente, estes compostos são representados pela fórmula do tipo $R_3$ Snx, em que R é qualquer grupo alquilo ou arilo e X indica espécies aniónicas, por exemplo, halogeneto, óxido ou hidróxido. As ligações Sn-C são estáveis na presença de água, oxigénio atmosférico e decomposição térmica em condições ambientais naturais. A radiação UV, os ácidos fortes e os agentes electrofílicos clivam facilmente as ligações Sn-C (Hoch, 2001). As propriedades químicas e físicas dos compostos organoestânicos dependem do número de ligações Sn-C e do comprimento das cadeias alquílicas; assim, a solubilidade dos organoestânicos em água diminui com o aumento do número e do comprimento dos grupos orgânicos, mas também depende dos substitutos aniónicos.

Os compostos de tributilestanho, tais como o óxido de tributilestanho (TBTO), o cloreto de tributilestanho (TBTCl) e o fluoreto de tributilestanho (TBTF), são substâncias extremamente tóxicas pertencentes ao grupo dos organoestânicos. O TBT é utilizado principalmente em tintas anti-incrustantes para cascos de navios para inibir o crescimento de algas e mexilhões, que são mortos quando entram em contacto com a tinta. Além disso, o TBT é utilizado como catalisador ou estabilizador na produção de plásticos como a fórmica, bem como biocida em pesticidas, conservantes de madeira e para a conservação de têxteis de exterior. O TBT é libertado da tinta anti-incrustante para a água devido à sua baixa solubilidade na água, os compostos de TBT são rapidamente adsorvidos à matéria em suspensão e depositados nas massas de água. A substância ativa TBT é altamente tóxica e prejudicial para um grande número de espécies não visadas. Numerosos organismos que vivem no fundo do mar, como os caracóis e os mexilhões, absorvem TBT através dos alimentos, da água e dos sedimentos. O composto acumula-se nos seus tecidos e causa danos como a deformação da concha, anomalias nos órgãos reprodutores e inibição da libertação das larvas (Alzieu *et al.,* 1989).

Várias análises sobre o composto tributilestanho, que abrangem a produção, a utilização, a química, a toxicidade, o destino e os perigos do TBT no ambiente aquático (Batley 1996; Clark *et al.,* 1988; Eisler 1989; Gibbs e Bryan 1996b; Hall e Bushong 1996; Laughlin 1996; Laughlin *et al.,* 1996; Maguire 1996; Waldock *et al.,* 1996; OMS 1990).

Os mexilhões de água doce estão em grave declínio a nível mundial e necessitam urgentemente de proteção e conservação. O declínio tem sido atribuído a uma vasta gama de actividades humanas que resultam em poluição e degradação da qualidade da água, bem como na destruição e alteração do habitat. As ligações entre a má qualidade da água, as fontes poluentes e o declínio dos mexilhões nos rios e ribeiros têm sido associadas a resultados de testes laboratoriais de poluentes específicos.

Tendo em conta o âmbito e a literatura disponível, a presente investigação foi realizada para avaliar a concentração letal de (LC50) TBTCl até 96 horas de exposição no bivalve de água doce *L. marginalis* sazonalmente durante 2007-08.

# AVALIAÇÃO DA TOXICIDADE

## INTRODUÇÃO

Atualmente, na nossa sociedade avançada e moderna, acreditamos sacrificar tudo, incluindo a água do planeta que habitamos, para continuar o "progresso" e o nosso chamado "bem-estar". Infelizmente, a atividade humana está a destruir rapidamente a vida aquática devido ao aumento da população, aos resíduos industriais e aos produtos químicos agrícolas que estão a contaminar as fontes de água, tais como lagos, lagoas, rios e riachos. Organização Mundial de Saúde (2OO5) Celebrando a água para a vida: a Década Internacional de Ação 2005-2015. A água é importante para a mecânica do corpo do organismo. De facto, todas as funções das células e dos órgãos que compõem toda a anatomia e fisiologia dependem da água para o seu funcionamento.Dia Mundial da Água 2005- 22- março: um guia de advocacia. Apresenta as principais questões relevantes para a água: os desafios e a situação actuais. A poluição da água ocorre quando uma massa de água é afetada negativamente devido à adição de grandes quantidades de materiais nocivos à água. Quando é imprópria para o uso a que se destina, a água é considerada poluída. Existem dois tipos de poluentes da água: pontuais e não pontuais. As fontes pontuais de poluição ocorrem quando as substâncias nocivas são emitidas diretamente para a massa de água. Uma fonte não pontual emite poluentes indiretamente através de alterações ambientais. As fontes não pontuais são muito mais difíceis de controlar. A poluição proveniente de fontes não pontuais é responsável pela maioria dos contaminantes em rios, riachos, lagoas e lagos. A urbanização e a industrialização causam uma grave deterioração do ambiente aquático, o que constitui uma ameaça para a vida aquática, Chua *et al.,* (1989). Na era moderna, problemas como o aumento da população, a eliminação de esgotos, os efluentes industriais, os resíduos radioactivos, os pesticidas, os metais pesados e outros factores poluíram de tal forma os nossos recursos hídricos que cerca de 70% dos rios e ribeiros estão poluídos, não só na Índia, mas em todo o mundo.

A civilização enfrenta atualmente um período de transição, comparável, em alguns aspectos, àquele que precipitou a revolução agrícola. Essa revolução ocorreu porque o ambiente não gerido não fornecia alimentos em quantidade ou qualidade suficientes para satisfazer as expectativas da sociedade humana. Uma questão crucial para os ecossistemas danificados é como determinar se as melhorias na qualidade dos efluentes produziram, de facto, benefícios biológicos e ecológicos. Para os ecossistemas não danificados ou relativamente saudáveis, uma questão importante é a de saber como manter a qualidade de modo a que as descargas industriais não causem danos significativos e ainda permitam que as indústrias produzam os seus produtos da forma mais eficiente e menos dispendiosa. São necessárias provas biológicas para responder a ambas as questões por três razões principais:

1. Muitos compostos químicos e outros poluentes potenciais produzem reacções biológicas adversas em concentrações não detectáveis.
2. Os potenciais tóxicos raramente estão presentes de forma isolada. Geralmente, os tóxicos estão presentes nos efluentes e nos sistemas naturais como uma combinação, e o impacto biológico sinérgico da combinação não pode ser adequadamente estimado a partir de uma série de análises químicas, mesmo com instalações adequadas. Em resumo, as substâncias químicas interagem de várias formas com os organismos e as suas interações não podem ser previstas com precisão através da análise química.
3. É um facto bem conhecido que a qualidade da água tem uma influência marcante na expressão da toxicidade. Por conseguinte, é a combinação de substâncias tóxicas, da qualidade da água e dos organismos presentes que produz uma estimativa definitiva da probabilidade de danos causados por um conjunto específico de concentrações e condições de qualidade da água a determinadas espécies. Consequentemente, o simples conhecimento da concentração de poluentes químicos ou de outros poluentes potenciais não é suscetível de produzir informações úteis para a gestão.

O estudo das substâncias tóxicas presentes na água e dos seus efeitos adversos, incluindo a mortalidade dos organismos aquáticos, aumentou com a crescente consciencialização dos perigos da poluição discriminada da água. Os estudos toxicológicos dos poluentes estão a ganhar maior importância nos últimos tempos e têm sido feitas tentativas a nível mundial para identificar o "perigo" dos produtos químicos tóxicos presentes ou libertados no ambiente aquático. O estudo da toxicidade é essencial para descobrir o limite dos tóxicos e a sua concentração segura, de modo a minimizar os danos causados à fauna aquática num futuro próximo.

O interesse considerável e a apreensão sobre o papel, o destino e os metais tóxicos no ambiente aquático são o resultado de vários acontecimentos catastróficos. A melhor forma de garantir uma recorrência mínima de tais eventos é compreender os comportamentos físicos, químicos e biológicos dos metais nos sistemas aquáticos e utilizar este conhecimento para propor medidas de mitigação ao lidar com os problemas de contaminação por metais. De um modo geral, existem duas razões principais para estudar o comportamento químico dos metais em ambientes aquáticos, a fim de compreender o ciclo biológico ou geoquímico destes elementos. O ciclo biológico inclui a bioacumulação, a eliminação, a biodisponibilidade, a toxicidade e a biotransformação. O ciclo geoquímico envolve o transporte, a adsorção, a dessorção, a precipitação, a dissolução e a complicação dos metais em sistemas de água doce.

Entre os vários aspectos dos estudos de toxicidade, o bioensaio constitui um dos métodos mais utilizados em estudos ambientais aquáticos com organismos adequados. A necessidade de determinar a toxicidade das substâncias para formas aquáticas comerciais ao nível inferior da cadeia alimentar tem sido útil e aceite para a gestão da qualidade da água.

Foram efectuados vários estudos para avaliar a toxicidade dos metais para o biota aquático. Foram também efectuadas tentativas para utilizar certas espécies de bivalves como bioindicadores da contaminação por metais de massas de água doce. A presente investigação foi planeada e executada para avaliar o impacto do composto organoestânico, cloreto de tributilestanho, na toxicidade e na fisiologia do bivalve de água doce, *L. marginalis.* A toxicidade dos metais pesados e a sua taxa de absorção da solução dependem dos seus estados de oxidação. Por conseguinte, é importante analisar a sua concentração, que se tornou um instrumento importante na avaliação da contaminação ambiental e da ecotoxicologia.

Os efeitos agudos são aqueles que ocorrem rapidamente como resultado de uma exposição única a uma substância química, geralmente de curta duração. Nos bivalves e noutros organismos aquáticos, os efeitos que ocorrem em poucas horas, dias ou semanas são considerados agudos. Geralmente, os efeitos agudos são relativamente graves. O efeito agudo mais comum medido na vida aquática é a letalidade ou motilidade. Uma substância química é considerada agudamente tóxica se, pela sua ação, matar 50% ou mais da população exposta de organismos de ensaio num curto período de tempo de exposição, como 96 horas.

O objetivo do ensaio de toxicidade é definir as concentrações a que um material de ensaio é capaz de produzir uma resposta selecionada, geralmente deletéria, numa população em condições controladas de exposição (FAO, 1982). Nos ensaios de bioensaio, os organismos experimentais são submetidos a uma série de concentrações suspeitas de tóxico em condições adequadamente controladas. O período de exposição para a toxicidade aguda é de 24, 48, 72 e 96 horas. Os testes de toxicidade aguda são geralmente comunicados em termos de concentrações letais $LC_{50}$ ou limites de tolerância medianos. A concentração letal $LC_{50}$ é uma concentração que indica a percentagem de animais mortos numa determinada concentração. O período de exposição é importante nos estudos de toxicidade.

A avaliação da toxicidade aguda é essencial para determinar a sensibilidade dos animais aos tóxicos e também é útil para avaliar o grau de lesão dos órgãos-alvo e as consequentes perturbações fisiológicas e comportamentais.Os testes de toxicidade aguda de vários poluentes foram efectuados no século XIX por alguns trabalhadores que estudaram o efeito letal dos resíduos industriais na vida aquática.

As substâncias perigosas, como os metais pesados e os contaminantes orgânicos sintéticos, têm sido libertadas em grandes quantidades pelas actividades industriais, agrícolas e urbanas e, consequentemente, descarregadas na água doce e no ambiente marinho. Os grandes avanços registados no domínio da química analítica nas últimas décadas forneceram provas de uma ocorrência generalizada de muitos destes contaminantes no ambiente. A organoestanho tem um maior número dos seus derivados organometálicos em uso comercial do que qualquer outro elemento. Este facto deu origem a um aumento da produção mundial de compostos organoestânicos durante os últimos 50 anos. Devido às suas vastas aplicações industriais, uma quantidade considerável de organoestânicos entrou nos ecossistemas aquáticos. Dependendo da natureza e do número de grupos orgânicos ligados ao catião estanho, alguns organoestânicos apresentam efeitos tóxicos específicos para diferentes organismos, mesmo em concentrações muito baixas. O Sn elementar e os seus compostos inorgânicos são praticamente não tóxicos para todos os organismos vivos (Kuballa *et al.,* 1996). Os efeitos biológicos dependem tanto da natureza como do número de grupos orgânicos ligados ao catião Sn. Em geral, a atividade toxicológica máxima para os organismos foi demonstrada para as trissubstituições em qualquer série de organoestânicos.

Os compostos organoestânicos compreendem um grande grupo de moléculas organometálicas caracterizadas por um átomo de Sn ligado covalentemente a um ou mais substitutos orgânicos (por exemplo, metilo, etilo, propilo, fenilo). Quimicamente, estes compostos são representados pela fórmula do tipo $R3S_n$ X, em que R é qualquer grupo alquilo ou arilo e X indica espécies aniónicas, por exemplo, halogeneto, óxido ou hidróxido. As ligações Sn-C são estáveis na presença de água, oxigénio atmosférico e decomposição térmica em condições ambientais naturais. A radiação UV, os ácidos fortes e os agentes electrofílicos clivam facilmente as ligações Sn-C (Hoch, 2001). As propriedades químicas e físicas dos compostos organoestânicos dependem do número de ligações Sn-C e do comprimento das cadeias alquílicas; assim, a solubilidade dos organoestânicos em água diminui com o aumento do número e do comprimento dos grupos orgânicos, mas também depende dos substitutos aniónicos.

A utilização generalizada de compostos organoestânicos como estabilizadores no fabrico de policloreto de vinilo (Blunden *et al.,* 1984), como biocidas na agricultura (Champ e Seligman, 1996), como componente fungicida na preservação da madeira (Bennett 1996) e em sistemas anti-incrustantes (Hoch, 2001, Voulvolis *et al.,* 2002, Yebra *et al.,* 2004). Os organoestânicos têm proporcionado várias fontes de entrada destes compostos em ambientes aquáticos e terrestres. Os compostos organoestânicos têm sido rotineiramente encontrados em águas estuarinas e marinhas, sedimentos e biota (Tas *et al.,* 1996). A libertação de organoestânicos em ambientes terrestres e aquáticos diminuiu recentemente, mas ainda se verificam entradas e locais anteriormente contaminados continuam a atuar como fontes (Ritsema, 1994, Stab *et al.,* 1995). Grande parte da atenção prestada à libertação de compostos organoestânicos no ambiente tem-se centrado no tributilestanho (TBT), que tem sido amplamente utilizado como biocida em tintas e revestimentos para aplicações antivegetativas em navios. Os produtos antivegetativos desempenham um papel importante na indústria naval e têm uma importância económica significativa. Estima-se que, em média, o consumo de combustível aumenta 6% por cada 100 ml de aumento da rugosidade média do casco causado por organismos incrustantes (Townsin, 1987, Liu *et al.*, 1997). A investigação que comprova os danos causados pelos organoestânicos na reprodução e no crescimento de vários organismos marinhos levou muitos países a regulamentar ou proibir a sua utilização em produtos antivegetativos (de Mora 1996). A utilização de TBT foi proibida desde a década de 1980 nas tintas antivegetativas para navios com menos de 25 m em muitos países, incluindo muitos países europeus (Stewart, 1996).

Foram efectuadas várias análises do composto tributilestanho, que abrangem a produção, a utilização, a química, a toxicidade, o destino e os perigos do TBT no ambiente aquático (Laughlin *et al.*, 1996; Maguire 1996; Waldock *et al.*, 1996; OMS 1990). A toxicidade para os organismos aquáticos aumenta geralmente à medida que o número de componentes orgânicos aumenta de um para três e diminui com a incorporação de um quarto componente, tornando as triorganotinas mais tóxicas do que as outras formas. No caso das triorganotinas, a toxicidade aumenta à medida que o número de átomos de carbono na fração orgânica aumenta de um para quatro, diminuindo depois. Assim, o organoestanho mais tóxico para a vida aquática é o TBT (Hall e Pinkney 1985; Laughlin e Linden 1985; Laughlin *et al.*, 1985).

O tributilestanho (TBT) é um catião cuja fórmula é (C4H9)3Sn+. O TBT existe principalmente como uma mistura de cloreto, hidróxido, complexo aquoso e complexo carbonato (Laughlin *et al.*, 1986a). As organoestanho foram amplamente utilizadas no passado como agentes antivegetativos (Fent, 1996; White *et al.*, 1999). A crescente utilização mundial de TBT, juntamente com o seu conhecido potencial tóxico, deu origem a uma preocupação crescente relativamente ao impacto ambiental destas substâncias e ao seu efeito no ecossistema.

Nos ecossistemas aquáticos ao longo das principais rotas marítimas, é provável a ocorrência de concentrações susceptíveis de pôr em perigo certas espécies. Os compostos TBT apresentam a toxicidade mais elevada de todos os organoestânicos e foram mesmo caracterizados como um dos grupos de xenobióticos mais tóxicos alguma vez produzidos e deliberadamente introduzidos no ambiente. Estes compostos são conhecidos por serem nocivos para muitos organismos aquáticos "não visados", nomeadamente moluscos (Horiguchi *et al.,* 1997). Dado que o TBT tende a acumular-se nos sedimentos, que são considerados um sumidouro de TBT, estes podem ter-se tornado uma fonte e continuarão a ter esta função no futuro. Estima-se que a meia-vida do TBT nos sedimentos seja de meses a vários anos (Sarradin *et al.,* 1995). Estas substâncias são consideradas bastante persistentes e acumulam-se nos sedimentos dos sistemas aquáticos e especialmente nos organismos (Fent 1996, Crompton 1998).

A atual utilização do TBT de várias formas pode causar a exposição ao TBT de organismos aquáticos vertebrados e invertebrados não visados, especialmente mexilhões, amêijoas e ostras. Alzieu *et al.* (1980) registaram 100% de mortalidade na ostra do Pacífico, *Crassostrea gigas*, exposta ao TBT. Newton *et al.,* (1985) observaram um aumento significativo do crescimento e do sucesso de eclosão no *grunhão da Califórnia, Leuresthes tenuis, após* o efeito do TBTO durante 10 dias. Foram observadas anomalias reprodutivas devido ao efeito tóxico do TBT na ostra plana europeia, *Ostrea edulis,* Thain, (1986). Salazar e Salazar, (1996) observaram a acumulação de TBT em espécies de mexilhão azul, *Mytilus*. Meador, (1997) referiu que o cloreto de tributilestanho afectava fortemente o anfípode *Rhepoxynius abronius.* Tim verslyce, (2003) revelou que a afetação de energia celular no camarão esturino *Neomysis integer* a diferentes exposições ao TBT, Richard Louis e Emilien, (2004) referiram que a perda de TBT para a atmosfera por volatização e o seu efeito no biota. Rabbito, (2005) estudou o efeito do TBT no peixe neotropical *Hoplias malabaricus.* Os efeitos dos compostos organoestânicos foram amplamente estudados em animais experimentais (Wada *et al.,* 1982; Merkord e Henninghausen 1989; Takagi *et al.,* 1992).

São resumidos os relatórios sobre a toxicidade aguda do TBT para invertebrados aquáticos, exceto peixes, abrangidos pelos critérios de saúde ambiental da OMS[2] . Os ensaios de toxicidade aguda, utilizando como organismos de ensaio misticídeos, copepoda, camarões crangonídeos, *Lismata amboinensis,* Daphnia, caranguejo da areia, *Palaemon paucidens,* caracol de lago, mexilhão, ostra europeia e ostra comum, são relatados por Linden *et al.* (1979), Meador (1986), Walsh (1986) e Temmink e Everts (1987). Os efeitos nos mexilhões azuis expostos ao cloreto de tributilestanho foram estudados por Valkirs *et al.*, (1987), tendo como resultado um $LC_{50}$ de 66 dias calculado em 0,97 g/L. As larvas de moluscos bivalves parecem ser muito mais sensíveis do que os adultos durante exposições agudas. O $LC_{50}$ de 96 horas de TBT para larvas de ostras do Pacífico, *Crassostrea gigas,* foi de 1,557 pg/L, enquanto o valor para adultos foi de 282,2 pg/L (Thain 1983). O $LC_{50}$ de 96 horas para mexilhões azuis larvares e adultos, *Mytilus edulis*, foi de 2,238 e 36,98 pg/L, respetivamente (Thain 1983). O $LC_{50}$ de 96 horas de 0,01466 pg/L registado por Becerra-Huencho (1984) para pós-larvas da amêijoa dura, *M. mercenaria.* Os juvenis do crustáceo *Acanthomysis sculpta* foram ligeiramente mais sensíveis ao TBT do que os adultos (Davidson *et al.*, 1986a, 1986b; Valkirs *et al.*, 1985).

Imposex, o desenvolvimento de caraterísticas masculinas nas fêmeas, foi iniciado pela exposição ao TBT em espécies de caracóis. Agência de Proteção Ambiental dos EUA. Office of Pesticide Programs tributyltin support document, 1985 observou que, em testes laboratoriais, a reprodução era inibida quando os caracóis fêmeas expostos a 50 ppt de TBT desenvolviam caraterísticas masculinas. As ostras das águas marinhas de França e de Inglaterra são afectadas negativamente pela exposição ao TBT. As ostras expostas ao TBT apresentam um desenvolvimento anormal das conchas, um fraco aumento de peso, conchas quebradiças e imposex. O TBT é altamente atraído pelas gorduras e tende a ser armazenado nestes tecidos. O TBT é acumulado em ostras, mexilhões, crustáceos, moluscos, peixes e algas. As espécies de água doce bioacumularão mais TBT do que os organismos marinhos.

O controlo dos componentes físicos e químicos da água não pode ser considerado como a única avaliação dos ecossistemas aquáticos. As concentrações de poluentes podem flutuar ampla e rapidamente nos ecossistemas aquáticos. Os organismos aquáticos podem fornecer informações úteis sobre a qualidade da água ao longo do tempo, especialmente quando as substâncias químicas estão presentes em concentrações extremamente baixas (Chapman, 1992). Os organismos integram as suas respostas ao longo do tempo e reagem a todos os efeitos sinérgicos e antagónicos de poluentes ou tensões combinados e, como tal, podem ser considerados como monitores a tempo inteiro da qualidade da água. Para além das algas, macrófitas e macroinvertebrados bentónicos, os bivalves são considerados excelentes indicadores da qualidade da água Hellawell, (1986). A presença de uma espécie indica que o habitat é adequado e, uma vez que alguns dos requisitos ambientais são conhecidos para muitas espécies, a sua presença indica algo sobre a natureza do ambiente em que se encontram. Assim, a ausência de uma determinada espécie é menos útil como indicação das condições ambientais do que a presença de uma espécie. A biomonitorização foi introduzida com base no pressuposto de que a medição do estado ou da saúde dos organismos pode ser utilizada para avaliar a saúde de um ecossistema (Wepener, 1997). A biomonitorização é constituída por diferentes componentes, por exemplo, bioensaios e bioavaliações. Os bioensaios são monitorizações baseadas em laboratório (testes de toxicidade) e as bioavaliações são monitorizações baseadas no terreno que podem incluir biomonitorização passiva e/ou ativa (Herricks *et al.,* 1989).

Os moluscos têm sido amplamente utilizados como bioindicadores da poluição por metais pesados em sistemas aquáticos. De acordo com Elder & Collins, (1991), os mexilhões e caracóis de água doce têm o potencial de serem muito úteis para estudos de biomonitorização, porque a maioria dos moluscos de água doce tem caraterísticas semelhantes. As espécies de unionídeos baseiam-se numa sensibilidade semelhante aos poluentes, funcionando como bioindicadores a nível taxonómico. São mais sensíveis do que as espécies de peixes da parte média e inferior dos rios. Quando os mexilhões desaparecem, significa que o rio está seriamente afetado (Fuller, 1974), levando a uma diminuição da capacidade de suporte de vida do ecossistema, induzida também pela eliminação destes importantes filtradores. Kulkarni, (1993) relatou a toxicidade aguda do cádmio para o bivalve de água doce, *L. marginalis.* Talbot, (1986) referiu a importância das variações sazonais da concentração de cobre e zinco na ostra, *Saccostrea cucculata.* Mane e Muley, (1987) observaram as variações sazonais na toxicidade do Cythion-Malathion para dois moluscos bivalves de água doce, *L. marginalis* e *Lamellidens corrianus*. Khan *et al.* (2001) estudaram a toxicidade do cádmio para o gastrópode marinho comestível *Babylonia spirata*. Piansiri e Pachanee, (2008) observaram o bioensaio de toxicidade do caracol juvenil de água doce, *M. martensi*, exposto a mercúrio e cádmio. Desde as últimas três décadas, os bioensaios de toxicidade aguda em geral são úteis para medir a toxicidade de diferentes poluentes para os organismos aquáticos. Desde então, muitos trabalhadores orientaram os seus estudos para a avaliação da toxicidade (Hickey *et al.*, 1997; Bhavani e Dawood, 2003; Bhomre *et al.*, 1996; Gomot A, 1997). A reação e a sobrevivência dos organismos aquáticos, em condições tóxicas, dependem de vários factores, como o tipo, a toxicidade e a concentração do tóxico e a temperatura, a salinidade, o oxigénio dissolvido, o pH e factores fisiológicos como o ciclo reprodutivo e as estações do ano, para além do tipo e do tempo de exposição ao tóxico (Holden, 1973; McKim *et al.*, 1973; Brungs *et al.*, 1977), pelo que é necessário realizar estudos de toxicidade em variedades de espécies aquáticas em diferentes estações do ano. Os moluscos bivalves de água doce são reprodutores durante todo o ano (Gosh e Ghose, 1972) ou a reprodução é restrita a um ano (Mudkhede, 1974) e é influenciada pelas alterações dos factores ambientais.

A leitura da literatura revela a escassez de informações sobre a toxicidade aguda do cloreto de tributilestanho no bivalve de água doce, *L. marginalis*, com referência a diferentes estações do ano. Por conseguinte, o presente estudo centrou-se na avaliação dos efeitos tóxicos agudos do cloreto de tributilestanho nos bivalves de água doce, *L. marginalis*, como bioindicador, de importância local do Estado de Maharashtra, no rio Godavari, em Paithan, no distrito de Aurangabad. O presente estudo relata a toxicidade do cloreto de tri-butilestanho para os bivalves de água doce, *Lamellidens marginalis*, na monção, no inverno e no verão de 2007-2008.

## MATERIAL E MÉTODOS

Os bivalves de água doce, *Lamellidens marginalis*, foram recolhidos no rio Godavari em Paithan, a 45 km da cidade de Aurangabad. Os bivalves foram levados para o laboratório e limpos para remover a biomassa de algas incrustantes e a lama. Os bivalves foram mantidos em recipientes de plástico com água da torneira sem cloro durante 3 a 4 dias para se aclimatarem às condições laboratoriais.

Durante o período de aclimatação, a água foi mudada de 24 em 24 horas. A água utilizada era clara, envelhecida e sem cloro, que foi utilizada para manter os bivalves, bem como para as concentrações testadas. Os bivalves foram mantidos em calhas de plástico de modo a evitar a sobrelotação. Durante a aclimatação, teve-se o cuidado de disponibilizar um litro de volume de água para cada gm de peso corporal dos bivalves nos bebedouros. Antes do início da experiência, foram registadas as caraterísticas físico-químicas da água da torneira nas estações da monção, do inverno e do verão.

Os bivalves foram expostos a luz diurna difusa durante o dia, sendo o fotoperíodo diário de cerca de 10-12 horas. Os bivalves de reserva em que a mortalidade excedeu 5% foram descartados do lote completo. Foram efectuadas experiências-piloto para determinar a gama de toxicidade do tóxico utilizado, o cloreto de tributilestanho. A gama de concentração escolhida foi tal que resultou numa mortalidade de 0 a 100%.

O cloreto de tributilestanho organoestânico de grau técnico foi utilizado no presente estudo. O cloreto de tributilestanho foi adquirido à Spectrochem Pvt. Ltd. Mumbai. As principais propriedades do cloreto de tributilestanho organoestânico são as seguintes

| Chemical name | Tributyltinchloride (TBTCl) |
|---|---|
| Cas no. | 0120213- Spectrochem India |
| Molecular formula | C 12 H 27 ClSn |
| Molecular weight | 325.49 g / moles |
| Appearance | Colourless, transparent liquid, peculier irritating odour |
| Specific gravity | 1.2 (20) |
| Melting point | - 16 |
| Vapour pressure | 0.00927 mm Hg (25) |
| Min. Assay ( G. C) | 99 % |
| Water solubility | 0.74786 mg /L (25) |

A fórmula estrutural do cloreto de organoestanho-tributilestanho é a seguinte

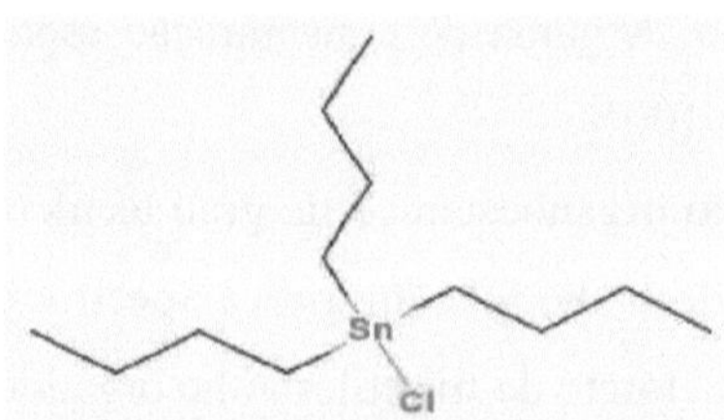


A solução de reserva de cloreto de tributilestanho organoestânico foi preparada dissolvendo uma quantidade conhecida de solução em acetona e foram feitas várias concentrações a partir desta solução de reserva para avaliação da toxicidade. A solução de reserva de 1 ppm foi preparada em acetona, Laughlin *et al.,* (1983). As séries de bioensaios estatísticos foram efectuadas em condições laboratoriais, tal como descrito por Finney (1971).

Os testes de toxicidade aguda foram efectuados durante 96 horas. Os animais foram mantidos em bebedouros experimentais com 5 litros de água desclorada. Em cada experiência, dez bivalves, *L. marginalis*, de tamanho aproximadamente semelhante (50-55 mm de comprimento de concha) foram expostos a diferentes concentrações de cloreto de tributilestanho. Todas as experiências foram repetidas na monção (agosto-setembro), no inverno (dezembro-janeiro) e no verão (abril-maio). Foi preparada uma solução de reserva de cloreto de tributilestanho. De 12 em 12 horas, a água poluída era substituída por uma solução fresca com a mesma concentração. O comportamento e a mortalidade dos bivalves foram registados antes de cada mudança de água. A mortalidade resultante foi registada entre 10 e 90% para cada concentração durante 24, 48, 72 e 96 horas. Cada experiência foi repetida três vezes para obter resultados constantes.

Os dados recolhidos foram analisados estatisticamente através do método probit na transformação da curva de toxicidade (% mortalidade vs. concentração), o que permite calcular a concentração letal média mediana de $LC_{50}$ para 24, 48, 72 e 96 horas. Os bivalves mortos foram contados individualmente.

**CÁLCULO DA PERCENTAGEM DE MORTALIDADE**

A fórmula de Abbott (1925) foi utilizada para obter a mortalidade exacta, que pode ser obtida subtraindo a mortalidade natural no grupo de controlo do grupo experimental

$$P = \frac{Om - Cm}{100 - Cm} X\ 100$$

Where,

P = Corrected mortality

Om = observed Mortality

Cm = controlled mortality

Observou-se que não houve mortalidade em grupo de controlo de bivalves. Os dados de mortalidade obtidos no conjunto experimental de bivalves para cada dose foram calculados pela fórmula de Finney.

$$P = \frac{r}{n} X\ 100$$

Where,

P = Percentage mortality

r = Mortality observed

n = No. of animals in batch

Os dados de mortalidade assim obtidos foram submetidos a uma transformação probit/log concentração, de modo a traçar linhas de regressão probit. A linha de regressão calculou a mortalidade de 50 %, causando concentrações de cloreto de tributilestanho. O erro padrão do $log_{50}$ (variância "V" do log $_{LC50}$ calculado) e o valor X2 (Qui-quadrado) e os limites fiduciais para o cloreto de tributilestanho foram calculados a partir da equação de regressão. Foram calculadas a dose letal e a concentração segura de cloreto de tributilestanho.

## CÁLCULO DA RECTA DE REGRESSÃO

O método descrito por Finney (1964) foi aplicado para traçar uma linha de força bem estudada entre a concentração logarítmica e a morte probit. Os passos seguintes foram efectuados para traçar a linha de regressão e a equação de regressão.

Foram utilizadas diferentes concentrações de cloreto de tributilestanho. Os bivalves foram expostos durante 24, 48, 72, 96 e 24 horas e foram calculadas linhas de regressão e equações de regressão.

1. Na coluna I do quadro, foram registadas as concentrações de cloreto de tributilestanho em ppm.
2. Na coluna II, intitulada "n", foi anotado o número de animais recolhidos para cada lote.
3. A coluna III contém a mortalidade atual (p) através da fórmula p = 100 r/n, se ocorrer mortalidade no grupo de controlo de animais, utilizar a fórmula de Abbott:

$$P = \frac{Om - Cm}{100 - Cm} X\ 100$$

4. Na coluna IV, a mortalidade observada na respectiva concentração durante 24, 48, 72, 96 e 24 horas.

5. A coluna NO. V. contém o logaritmo da concentração na base $_{10}$

6. Coluna n.º VI. Os valores probit empíricos foram lidos a partir do Quadro n.º 1 para transformação de percentagem em probit a partir da análise estatística de Finney e registados.

7. Foi traçada uma linha reta provisória ao julgar o ponto máximo que representava o probit empírico em função da concentração logarítmica ($_{10}$ ).

8. A coluna VII é constituída pelos valores probit (y) esperados, lidos a partir da linha provisória do gráfico.

9. A coluna VIII contém os valores do probit de trabalho (y) que foram lidos no quadro IV do livro de Finney, correspondendo a y e p.

10. A coluna IX contém o coeficiente de ponderação (w) da coluna c =100 do quadro II em
O livro de Finney. Para w-y foi lido e registado na coluna.

11. Na coluna n.º X, o coeficiente de ponderação (w) é multiplicado por n (número de animais expostos por cada lote) e o produto é w.

12. As colunas XI e XII contêm o produto de Wx e Wy, respetivamente.

13. As colunas X, XI e XII foram somadas no rodapé de cada coluna respetiva e abreviadas como Σw, Σwx e Σwy, respetivamente.

14. Coluna n.º XIII, XIV e XV: o produto de W multiplicado por $X^2$ , w multiplicado por $Y^2$ e W multiplicado por x e y foi registado, respetivamente.

15. Os somatórios do produto da coluna XIII,
XIV e XV e $\Sigma wx^2$ ,$\Sigma wy^2$ e Σwxy, respetivamente, foram inscritos no pé de cada coluna.

16. Os valores de X e Y foram calculados através da fórmula:

$$X^{-} = \sum wx / \sum w,$$

$$Y^{-} = \sum wy / \sum w$$

17. O coeficiente de regressão "b" foi determinado pela fórmula:

$$b = \frac{\sum Wxy - \bar{x}, \sum Wy}{\sum Wx^2 - \bar{x}, \sum Wx}$$

18. A equação de regressão... 1 O VYllllVll ClkJ

$$Y = \bar{y} + b\,(X - \bar{x})$$

19. A coluna XVI consiste no valor do probit melhorado "Y" calculado a partir do valor da equação de regressão de Y correspondente ao valor original de "X". A diferença comparável entre y e y não deve ser superior ou inferior a 0,2.

20. A linha de regressão foi então traçada entre o logaritmo da concentração (x) e o probit esperado melhorado (y).

## CÁLCULO DOS VALORES DE LC50

Os valores LC50 do cloreto de tributilestanho calculados a partir da equação de regressão, y = 3,7184 e y = 5,000 (valores da tabela I de Finney) foram mantidos para calcular o LC50 do cloreto de tributilestanho em ppm durante 24, 48, 72, 96 horas, respetivamente.

## CÁLCULO DA PRECISÃO DO LC50

A variância "V" do log LC calculado$_{50}$ foi calculada pela fórmula em que V = variância (o erro padrão do LC50)

## CÁLCULO DO CHI - QUADRADO ($x^2$)

O Qui-quadrado foi calculado para testar a homogeneidade dos dados. Esta é dada por

$$X^2 = (\Sigma wy^2 - Y.\ \Sigma wy) - b\,(\Sigma wxy - X.\ \Sigma wy)$$

O valor de $x^2$ foi comparado com a tabela das estatísticas para n-2 graus de liberdade (em que n é o número de experiências). Este valor deve ser superior ao valor $x^2$ para um nível de 5%. Existe uma indicação de heterogeneidade.

## CÁLCULO DOS LIMITES FIDUCIAIS

Os limites fiduciais foram calculados com 95% de confiança, ou seja, $m_2$ e $m_2$ da variância (V) pela seguinte fórmula.

$$m_1 = m - 1.96 \sqrt{v}$$

$$m_2 = m + 1.96 \sqrt{v}$$

Onde,

m = logaritmo calculado dos valores letais medianos

V = variância (erro padrão do $LC_5$ o )

## CÁLCULO DA DOSE LETAL

A dose letal foi calculada de acordo com a sua importância do ponto de vista agrícola através da seguinte fórmula

Dose letal = valor $_{LC50}$ X tempo de exposição

## CONCENTRAÇÃO SEGURA

Hart *et al.,* (1945) propuseram uma fórmula para calcular as concentrações seguras de substâncias tóxicas para os animais.

$$C = \frac{48\ h\ TLM \times 0.2}{S^2}$$

Em que C = Concentração de segurança

$$S = \frac{24h\ TLM}{48\ h\ TLM}$$

TLM = Median tolerance limit or known as $LC_{50}$

## OBSERVAÇÕES E RESULTADOS

Os bivalves *L. marginalis* foram expostos a diferentes concentrações de cloreto de tributilestanho e apresentaram alterações comportamentais. Após algumas horas, os bivalves estenderam o pé para fora das válvulas da concha. Observou-se pouca secreção de muco na concha. Para evitar o poluente, a concha dos bivalves esteve fechada durante mais tempo. Os seus movimentos eram limitados e os excrementos eram eliminados em grande quantidade. Os critérios de seleção dos bivalves mortos foram utilizados através da observação dos animais experimentais, com as válvulas da concha abertas e o pé encolhido. Os valores LC50 foram calculados para 24, 48, 72 e 96 horas pelo método de Finney (1971). Os resultados da avaliação da toxicidade estão resumidos na (tabela 01 e Fig-1-12).

Foram calculados os valores LC50 para 24, 48, 72 e 96 horas de exposição ao cloreto de tributilestanho durante as estações da monção, do inverno e do verão. Durante a monção, os valores LC50 obtidos para o cloreto de tributilestanho exposto durante 24, 48, 72 e 96 horas de exposição foram 4,6557 ppm, 3,3954 ppm, 2,6535 ppm e 1,7211ppm, respetivamente. Durante o inverno, os valores LC50 observados para o cloreto de tributilestanho em 24, 48, 72 e 96 horas foram de 5,3327 ppm, 4,0258 ppm, 3,0532 ppm e 2,1244 ppm, respetivamente. Os valores LC50 obtidos na estação do verão para o cloreto de tributilestanho exposto durante 24, 48, 72 e 96 horas foram 3,5535 ppm, 2,42 ppm, 1,7902 ppm e 0,9829 ppm, respetivamente (Tabela 13).

No presente estudo, os valores LC50 até 96 horas de exposição foram os mais baixos durante o verão, o que indica uma toxicidade elevada, e os valores LC50 até 96 horas de exposição foram os mais altos durante o inverno, o que indica uma toxicidade baixa.

A variação 'V' de LC50 para 24, 48, 72 e 96 horas na estação das monções foi registada em 0,0000984304, 0,00035332, 0,00031242, e 0,00102517 respetivamente. No inverno, os valores da variância 'V' da $LC_{50}$ para 24, 48, 72 e 96 horas foram registados em 0,000091753, 0,0001539, 0,00023815 e 0,00064458, respetivamente. No verão, os valores da variância "V" do $LC_{50}$ durante 24, 48, 72 e 96 horas foram registados em 0,00017093, 0,00042949, 0,0014463 e 0,0004779, respetivamente (quadro 13).

Os limites fiduciais mínimos e máximos calculados na estação das monções para o cloreto de organoestanho-tributilestanho durante 24, 48, 72 e 96 horas foram de 0,6425 a 0,6814, 0,4666 a 0,5402, 0,3777 a 0,4470 e 0,1343 a 0,2599, respetivamente. No inverno, os limites fiduciais mínimos e máximos do cloreto de organoestanho-tributilestanho para 24, 48, 72 e 96 horas são 0,6965 a 0,7341, 0,5766 a 0,6252, 0,4449 a 0,5054 e 0,2468 a 0,3463, respetivamente. E no verão, os limites fiduciais mínimos e máximos do cloreto de organoestanho-tributilestanho para 24, 48, 72 e 96 horas foram de 0,5170 a 0,5682, 0,3365 a 0,4177, 0,1226 a 0,2716 e -0,2069 a 0,2926, respetivamente (Tabela 13).

Foram calculados os valores do qui-quadrado na monção, no inverno e no verão. Estes valores foram utilizados para testar a homogeneidade dos dados (Quadro 13).

A dose letal de cloreto de tributilestanho obtida na estação das monções durante 24, 48, 72 e 96 horas foi de 111,7368 ppm, 162,9792 ppm, 191,052 ppm e 165,2256 ppm, respetivamente. No inverno, a dose letal de cloreto de tributilestanho para 24, 48, 72 e 96 horas foi de 127,9848 ppm, 193,2384 ppm, 219,8304 e 203,9424 ppm, respetivamente. E na época de verão, a dose letal de cloreto de tributilestanho durante 24, 48, 72 e 96 horas foi de 85,2768 ppm, 116,16 ppm, 128,8944 ppm e 94,3584 ppm, respetivamente (Quadro 13).

Foi calculada a concentração segura de cloreto de tributilestanho na monção (0,3611), no inverno (0,4588) e no verão (0,2245) (Quadro 13).

Os resultados obtidos durante a monção, o inverno e o verão para a avaliação da toxicidade do cloreto de tributilestanho em *L. marginalis* indicaram que o cloreto de tributilestanho se revelou mais tóxico no verão e menos tóxico no inverno. A ordem de toxicidade observada é decrescente, ou seja, verão > monção > inverno.

## Quadro nº. 01

Toxicidade relativa do TBTCL para o bivalve de água doce, Lamellidens marginalis, nas estações da monção, inverno e verão

| seasons | Time of exposure (Hrs.) | Regression equation Y=y⁻+(X-x⁻) | LC50 Values in ppm. | Variance V | Chi-square | Fiducial limits | | Lethal dose | Safe conc.(ppm) |
|---|---|---|---|---|---|---|---|---|---|
| | | | | | | m1 | m2 | | |
| Monsoon | 24 | Y =18.346X-7.2543 | 4.6557 | 0.000098 | 0.0966 | 0.6425 | 0.6814 | 111.7368 | 0.3611 |
| | 48 | Y=9.9262X-0.2689 | 3.3954 | 0.00035 | 0.0012 | 0.4666 | 0.5402 | 162.9792 | |
| | 72 | Y=10.3037X+0.6340 | 2.6535 | 0.00031 | 0.0949 | 0.3777 | 0.4470 | 191.052 | |
| | 96 | Y=5.8199X+3.6277 | 1.7211 | 0.0010 | 0.2398 | 0.1343 | 0.2599 | 165.2256 | |
| Winter | 24 | Y=19.3152X-9.0402 | 5.3327 | 0.000091 | 0.1527 | 0.6965 | 0.7341 | 127.9848 | 0.4588 |
| | 48 | Y=14.6742X-3.8753 | 4.0258 | 0.00015 | 0.1724 | 0.5766 | 0.6252 | 193.2384 | |
| | 72 | Y=12.0731X-0.8517 | 3.0532 | 0.00023 | 0.0920 | 0.4449 | 0.5054 | 219.8304 | |
| | 96 | Y=7.3390X+2.5989 | 2.1244 | 0.00064 | 0.2116 | 0.2468 | 0.3463 | 203.9424 | |
| Summer | 24 | Y=13.9590X-2.6867 | 3.5532 | 0.000170 | 0.0951 | 0.5170 | 0.5682 | 85.2768 | 0.2245 |
| | 48 | Y=8.7563X+1.6394 | 2.42 | 0.00042 | 0.1431 | 0.3365 | 0.4177 | 116.16 | |
| | 72 | Y=4.8998X+3.7610 | 1.7902 | 0.00144 | 0.0043 | 0.1226 | 0.2716 | 128.8944 | |
| | 96 | Y=9.1523+2.2790 | 0.9829 | 0.000477 | 0.2026 | -0.2069 | 0.2926 | 94.3584 | |

LINHAS DE REGRESSÃO DE PROBIT que MOSTRAM A RELAÇÃO ENTRE O LOG DA CONCENTRAÇÃO DE TBTCl E O PROBIT KILL PARA A DERIVAÇÃO GRÁFICA DA CL50 PARA *LAMELLIDENS MARGINALIS* EM 24 HORAS DE EXPOSIÇÃO. EXPOSIÇÃO NA ESTAÇÃO DAS MONÇÕES.

Figura - 1

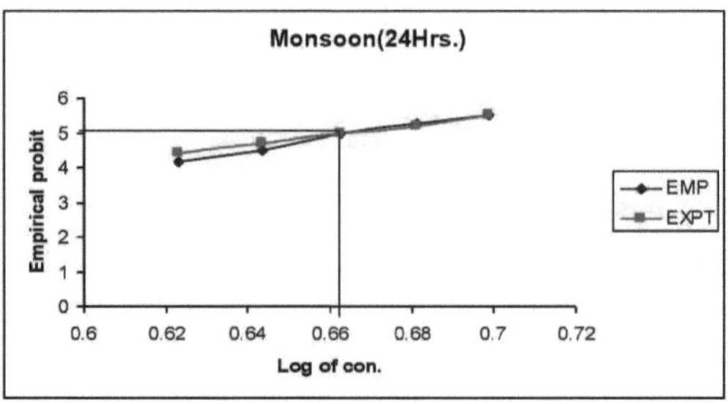

LINHAS DE REGRESSÃO PROBIT QUE MOSTRAM A RELAÇÃO ENTRE O LOGARITMO DE CONCENTRAÇÃO DO TBTCl PROBIT KILL PARA A GRAFIA DERIVAÇÃO DE LC50 PARA *LAMELLIDENS MARGINALIS* EM 48Hrs. EXPOSIÇÃO NA ESTAÇÃO DAS MONÇÕES.

Figura - 2

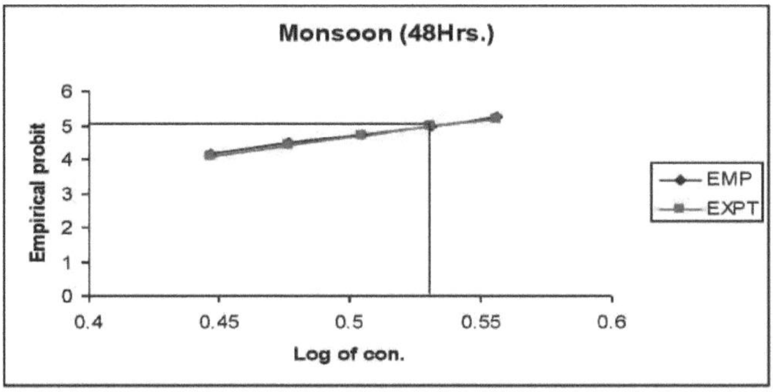


LINHAS DE REGRESSÃO DE PROBIT MOSTRAM A RELAÇÃO ENTRE O LOG DA CONCENTRAÇÃO DE TBTCl E O PROBIT KILL PARA A DERIVAÇÃO GRÁFICA DA CL50 PARA *LAMELLIDENS MARGINALIS* A 72Hrs. EXPOSIÇÃO NA ESTAÇÃO DAS MONÇÕES.

Fig - 3

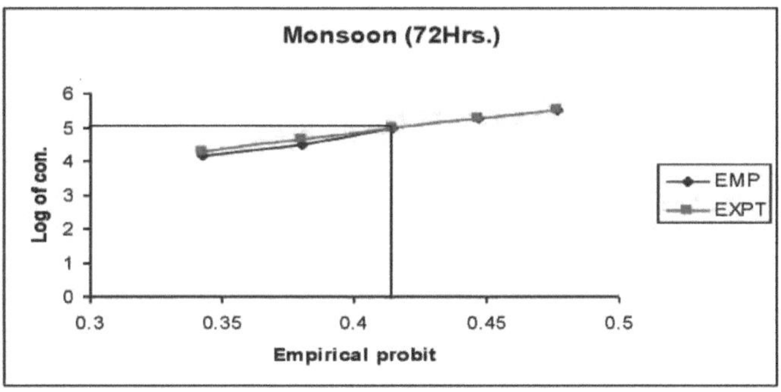

LINHAS DE REGRESSÃO DE PROBIT MOSTRAM A RELAÇÃO ENTRE O LOG DA CONCENTRAÇÃO DE TBTCl E O PROBIT KILL PARA A DERIVAÇÃO GRÁFICA DA CL50 PARA LAMELLIDENS MARGINALIS A 96Hrs. EXPOSIÇÃO NA ESTAÇÃO DAS MONÇÕES.

Fig - 4

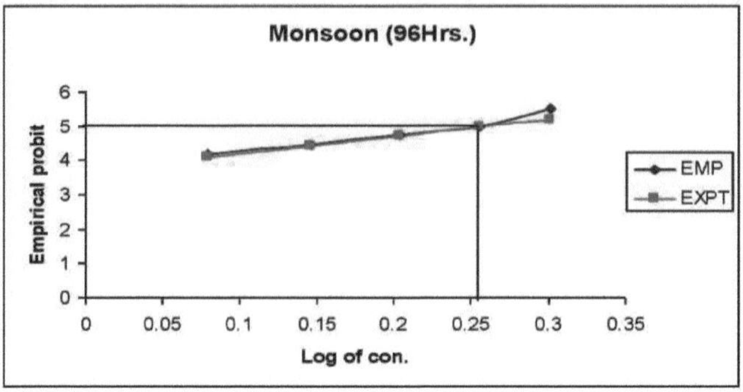


LINHAS DE REGRESSÃO DE PROBIT MOSTRAM A RELAÇÃO ENTRE O LOG DA CONCENTRAÇÃO DE TBTCl E O PROBIT KILL PARA A DERIVAÇÃO GRÁFICA DA CL50 PARA *LAMELLIDENS MARGINALIS* EM 24Hrs. EXPOSIÇÃO NO INVERNO.

Fig - 5

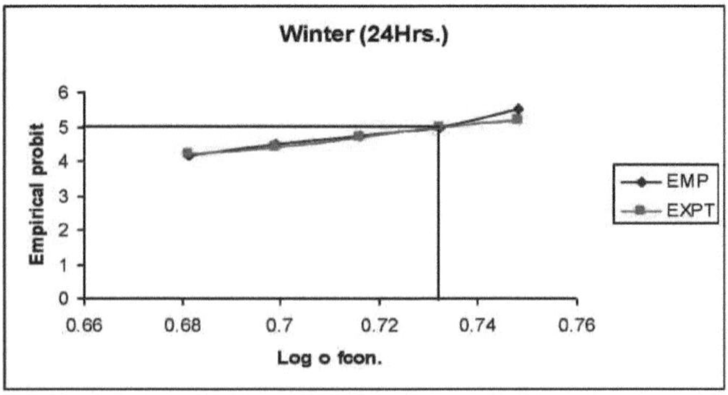

LINHAS DE REGRESSÃO DE PROBIT MOSTRAM A RELAÇÃO ENTRE O LOG DA CONCENTRAÇÃO DE TBTCl E O PROBIT KILL PARA A DERIVAÇÃO GRÁFICA DA CL50 PARA *LAMELLIDENS MARGINALIS* EM 48Hrs. EXPOSIÇÃO NO INVERNO.

Fig - 6

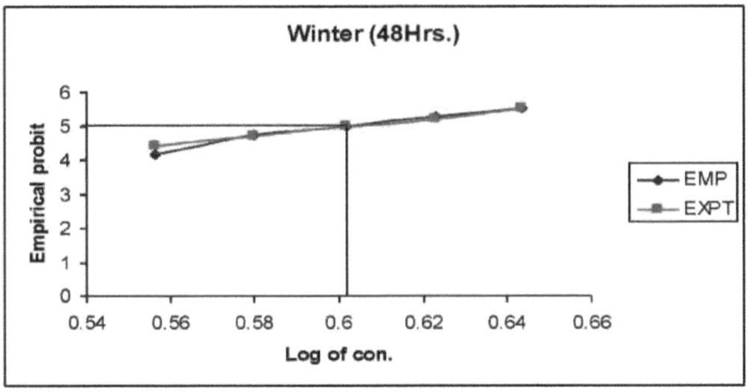


LINHAS DE REGRESSÃO DE PROBIT MOSTRAM A RELAÇÃO ENTRE O LOG DA CONCENTRAÇÃO DE TBTCl E O PROBIT KILL PARA A DERIVAÇÃO GRÁFICA DA CL50 PARA *LAMELLIDENS MARGINALIS* A 72Hrs. EXPOSIÇÃO NO INVERNO.

Fig - 7

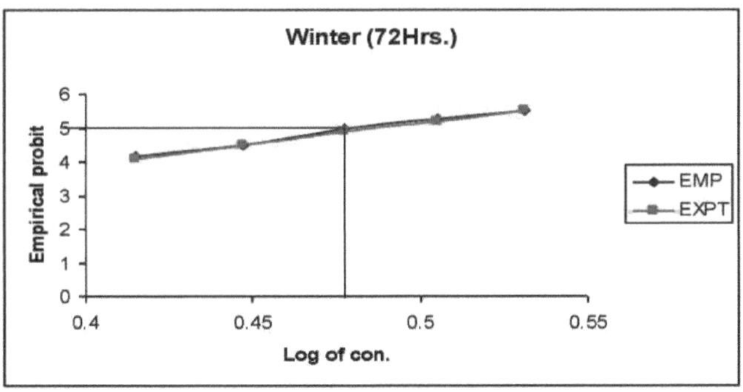

LINHAS DE REGRESSÃO PROBIT QUE MOSTRAM A RELAÇÃO ENTRE O LOGARITMO DE CONCENTRAÇÃO DO TBTCl PROBIT KILL PARA A GRAFIA DERIVAÇÃO DO LC50 PARA *LAMELLIDENS MARGINALIS* A 96Hrs. EXPOSIÇÃO NO INVERNO.

Fig - 8

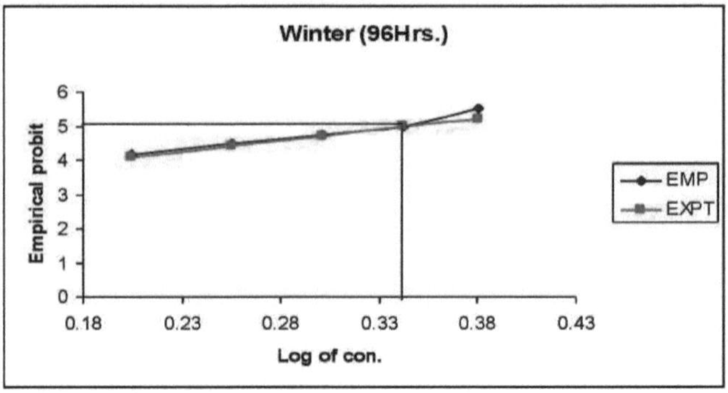


LINHAS DE REGRESSÃO PROBIT QUE MOSTRAM A RELAÇÃO ENTRE O LOGARITMO DE CONCENTRAÇÃO DO TBTCl PROBIT KILL PARA DERIVAÇÃO GRÁFICA DO LC50 PARA *LAMELLIDENS MARGINALIS* EM 24Hrs. EXPOSIÇÃO NO VERÃO.

Fig - 9

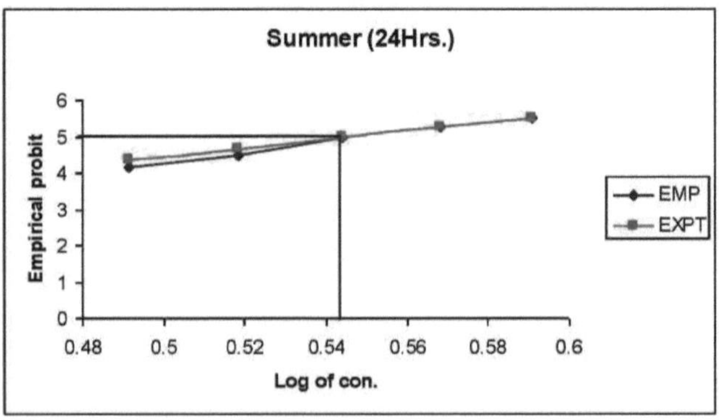

LINHAS DE REGRESSÃO DE PROBIT MOSTRAM A RELAÇÃO ENTRE O LOG DA CONCENTRAÇÃO DE TBTCl E O PROBIT KILL PARA A DERIVAÇÃO GRÁFICA DA CL50 PARA *LAMELLIDENS MARGINALIS* EM 48Hrs. EXPOSIÇÃO NA ESTAÇÃO DO VERÃO.

Fig - 10

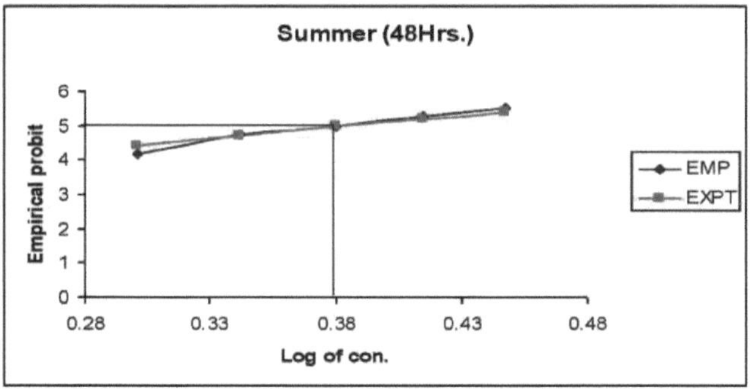


LINHAS DE REGRESSÃO PROBIT QUE MOSTRAM A RELAÇÃO ENTRE O LOGARITMO DE CONCENTRAÇÃO DE TBTCL PROBIT KILL PARA DERIVAÇÃO GRÁFICA DE LC50 PARA *LAMELLIDENS MARGINALIS* EM 72Hrs. EXPOSIÇÃO NO VERÃO.

Fig - 11

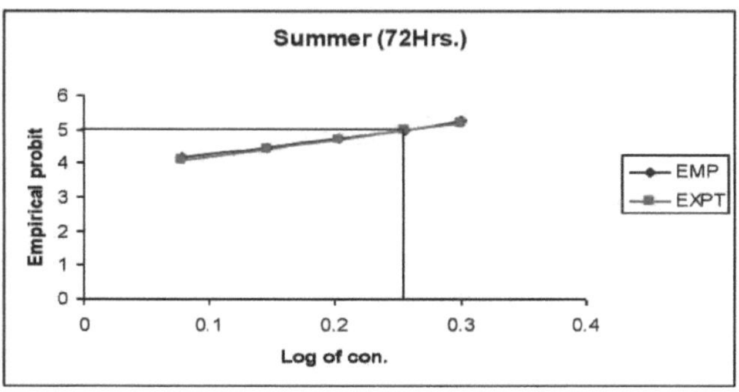

LINHAS DE REGRESSÃO DE PROBIT que mostram a relação entre o logaritmo da concentração de TBTCl e o logaritmo da concentração de TBTCl para determinar graficamente a CL50 de *LAMELLIDENS MARGINALIS* em 96 horas de exposição na estação do verão.

Fig - 12

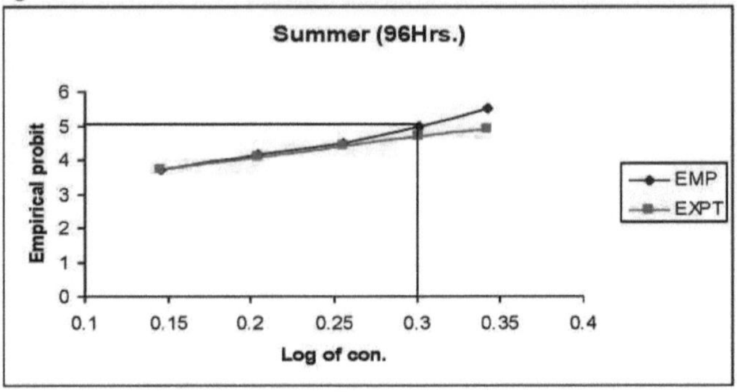

# DEBATE E CONCLUSÃO

Os poluentes em concentrações muito baixas podem ser percepcionados pelo sistema sensorial do organismo. Se o estimulante for reconhecido como nocivo, pode seguir-se o evitamento, levando à fuga nos organismos móveis, mas nas formas com pouca ou nenhuma mobilidade, como os bivalves de água doce, o evitamento pode assumir a forma de redução da exposição das superfícies externas do corpo através da produção de muco. No presente estudo, *o L. marginalis*, quando exposto ao cloreto de tributilestanho, em várias concentrações, os animais testados apresentaram alterações comportamentais, como o fecho da concha, a secreção de muco e, à medida que o período de exposição aumenta, o pé que sai da concha indica a morte do animal. O mecanismo de fecho da concha pode ser o dispositivo de proteção contra o tóxico e proporciona uma boa tolerância nos moluscos (Nagaratnamma e Ramamurthi, 1982b). Chaudhari *et al.* (1988) registaram muitas alterações comportamentais em caracóis expostos a pesticidas, *Bellamya bengalensis*, como a retirada súbita do pé dentro da concha, o fecho do opérculo e a secreção de muco. A secreção de muco também foi observada em *Corbicula striatella* aquando da exposição a pesticidas (Jadhav, 1993) e em *Parreysia favidens* contra a exposição a metais pesados (Bhamre *et al.,* 1996). Foi sugerido que o muco isola as partículas e as partes solúveis do poluente da solução (Brooks e Rumsby, 1967; Romeril, 1971) com a retirada do corpo para a concha ou o fecho dos sifões. No presente estudo de alterações comportamentais, os animais de teste *L. marginalis* responderam à exposição ao cloreto de tributilestanho a várias concentrações letais e observaram a secreção de muco, o fecho de válvulas e a sua abertura para sair da pata, indicando a morte do animal.

Os compostos de tributilestanho presentes no ambiente aquático provêm de tintas anti-incrustantes, da indústria do PVC, da indústria do papel e da pasta de papel, como estabilizador térmico e agente biocida na preservação da madeira, etc. Os compostos organoestânicos foram inicialmente desenvolvidos como agentes anti-traça na década de 1920 e mais tarde foram utilizados mais amplamente como bactericidas e fungicidas. Os organoestânicos são poluentes ambientais bem conhecidos, que persistem, circulam e acabam por se acumular na cadeia alimentar, constituindo assim uma séria ameaça para os organismos não visados (Akhter e Mohan, 1995).

A tendência para a bioacumulação é uma das propriedades biológicas mais importantes dos metais. Esta tendência dos metais causa algum stress fisiológico nos organismos aquáticos. O stress fisiológico causado pela poluição por metais apresenta-se sob a forma de aumento ou diminuição do metabolismo dos animais aquáticos. A poluição por metais pesados nos bivalves diminui a taxa de crescimento (Galstoff *et al.*, 1974) e esgota as reservas bioquímicas (Bayne e Thomson, 1970). De acordo com Nambisan *et al.*, (1977), sabe-se que os moluscos acumulam iões metálicos do ambiente a um nível muito elevado em relação às concentrações na água.

A mortalidade de *L. marginalis* é uma medida mais sensível do tóxico. A taxa de sobrevivência percentual dos bivalves diminuiu com o aumento da concentração e do período de exposição. A avaliação da concentração $LC_{50}$ dos poluentes é um passo importante antes de efetuar estudos adicionais sobre as alterações fisiológicas nos animais. A toxicidade de um determinado poluente depende de muitos factores, como o peso e o tamanho do animal (Macek *et al.*, 1968), as suas fases de desenvolvimento (Kamaldeep e Toor, 1977), o período de exposição, a temperatura (Macek *et al.*, 1968), o pH, a dureza da água e o teor de oxigénio dissolvido no meio.

No presente estudo, o nível de toxicidade aguda *do L. marginalis* exposto ao cloreto de tributilestanho foi expresso em termos de valores $LC_{50}$. Os valores $LC_{50}$ foram calculados durante a estação das monções, o inverno e o verão. Na estação das monções, os valores $LC_{50}$ para 24, 48, 72 e 96 horas para o cloreto de tributilestanho organoestânico foram de 4,6 ppm, 3,4 ppm, 2,6 ppm e 1,8 ppm, respetivamente. Na estação do inverno, o valor agudo para 24, 48, 72 e 96 horas para o cloreto de tributilestanho organoestânico foi de 5,4 ppm, 4,0 ppm, 3,0 ppm e 2,2 ppm, respetivamente. No verão, o valor agudo para 24, 48, 72 e 96 horas para o cloreto de tributilestanho organoestânico foi de 3,5ppm, 2,5 ppm, 1,8 ppm e 1,0 ppm, respetivamente. Os valores $LC_{50}$ encontrados foram os mais elevados durante o inverno, no entanto, durante a monção e o verão, os valores $LC_{50}$ observados foram os mais baixos quando expostos ao cloreto de tributilestanho.

Os organoestânicos são considerados os principais poluentes ambientais que causam efeitos ecotóxicos, citotóxicos e mutagénicos nos animais (More *et al.*, 2003). Sabe-se que os compostos de tributilestanho causam uma variedade de efeitos nas mitocôndrias, que se correlacionam com o aumento do consumo de oxigénio. (Wulf e Byington, 1975; Aldrich, 1976). Além disso, sabe-se que os compostos de tributilestanho inibem a ATPase de translocação de iões (Selvin *et al.*, 1970; Selvin 1976). Indira, B. (1989) mostra que a taxa de consumo de oxigénio por *Caradina weberi* apresenta alterações como o aumento e a diminuição do consumo de oxigénio quando exposta a diferentes concentrações de sulfato de cobre e TBTO. Os organoestânicos são extremamente tóxicos para o biota aquático, como demonstrado numa variedade de organismos diferentes in vivo e in vitro, Fent, (1996). Foram efectuados muitos estudos ecotoxicológicos em organismos de diferentes níveis evolutivos. (Alzieu e Heral, 1984; Bryan *et al.*, 1989; Fent e Muller 1991; Fioramonti *et al.*, 1997; Alzieu, 2000).

Os organismos aquáticos têm a capacidade de acumular metais pesados provenientes de várias fontes, incluindo sedimentos, erosão do solo e escoamento superficial, deposições aéreas de poeiras e aerossóis e descargas de águas residuais (Labonne *et al.*, 2001; Goodwin *et al.*, 2003). As espécies de *L. marginalis* estão entre os principais consumidores das pirâmides tróficas no ecossistema aquático. Consequentemente, são ameaçadas por poluentes (por exemplo, metais pesados) transferidos ao longo da cadeia alimentar. Uma vez que os metais pesados tendem a acumular-se em diferentes órgãos do corpo, estes metais são perigosos para os organismos aquáticos e, por sua vez, conduzem a problemas graves. Os bivalves têm sido utilizados desde há muitos anos para determinar o estado de poluição da água, pelo que são considerados um excelente marcador biológico de metais no ecossistema aquático. O rio Godavari é considerado uma das massas de água mais importantes do estado de Maharashtra, grande, pouco profunda e exposta a elevados níveis de poluentes provenientes de recursos industriais, domésticos e agrícolas.

Devido à sua importância económica e ecológica, bem como à sua vida sedentária, os moluscos têm assumido um papel importante na monitorização de contaminantes em todo o mundo (Boening, 1999). O bivalve *Donax trunculus*

(Bivalvia: Donacidae) é um molusco muito comum que vive em praias arenosas do mundo (McLachlan *et al.,* 1996). A presente investigação completa os relatórios anteriores efectuados na área estudada relativamente aos metais pesados vestigiais (Abdenour *et al.*, 2000, 2004) ou em *D. trunculus* (Abbes *et al.*, 2003; Bouzeraa *et al.*, 2004). O cádmio, o cobre, o chumbo e o zinco são os metais pesados vestigiais mais presentes nas águas residuais. Os valores médios registados revelaram um perfil sazonal para os diferentes metais, seguindo uma ordem decrescente: Zn, Cu, Pb e Cd para *D. trunculus.* As concentrações medidas nos tecidos moles de *D. trunculus revelaram* um efeito significativo da estação para os metais pesados medidos. Parte-se do princípio de que a absorção de metais pesados ocorre principalmente a partir da água, dos alimentos e dos sedimentos. No entanto, a eficácia da absorção de metais a partir destas fontes pode diferir em função das necessidades ecológicas e do metabolismo dos animais e das concentrações de metais pesados na água, nos alimentos e nos sedimentos, bem como de outros factores como a salinidade, a temperatura e os agentes interactivos (Roesijiadi e Robinson, 1994). Observações semelhantes foram comunicadas por Haynes *et al.,* 1997), (Fishelson *et al.,* 1999; Usero *et al.,* 2005) e (Sidoumou *et al.,* 2006).

De acordo com Phillips & Rainbow (1994), Seasonal changes of metal concentrations in *P. perna,* as concentrações de metais podem ser uma importante fonte de interferência em estudos de biomonitorização. Mostraram que, para a maior parte dos metais nos tecidos dos mexilhões, as concentrações no inverno eram superiores às observadas no verão, com tendências sazonais opostas nas concentrações de água mais elevadas no verão. Estes resultados sugerem que as concentrações mais elevadas que ocorrem no inverno resultam de variáveis inerentes à absorção de metais, e não de concentrações de metais na água. Lloyd (1965) formulou a hipótese de uma maior atividade metabólica aumentar a taxa a que os venenos atingem as brânquias, que são conhecidas por serem um local importante de absorção de certos produtos químicos tóxicos. O aumento da tolerância, como é evidente pelos valores mais elevados de $CL_5$ o durante o inverno, pode também ser o resultado da acumulação de reservas bioquímicas como proteínas, glicogénio e gorduras durante esta estação. O bivalve *L.*

*marginalis* exposto ao mercúrio no verão, o valor $LC_{50}$ observado foi menor em comparação com a monção e o inverno, os valores menores indicavam uma toxicidade elevada, pelo que se concluiu que no verão o bivalve era mais sensível e no inverno era menos devido ao stress do mercúrio Patil S.S, (1993). Gokhale A.A, (1994) apresentou testes de toxicidade aguda efectuados em *L. marginalis* em diferentes estações do ano durante 96 horas, e relatou que as espécies de teste se revelaram comparativamente mais sensíveis ao flúor no verão do que na monção e no inverno.

O principal objetivo deste estudo foi avaliar a toxicidade aguda da concentração de cloreto de tributilestanho no bivalve *L. marginalis* recolhido no rio Godavari em Paithan durante as três estações do ano. No presente estudo, os valores $LC_{50}$ para o cloreto de tributilestanho exposto ao animal de ensaio *L. marginalis* durante 24, 48, 72 e 96 horas mostraram diferenças significativas entre as estações. Os valores medidos atingiram os seus valores mais baixos durante o verão e os valores mais elevados foram encontrados durante o inverno; os valores mais baixos indicaram uma resposta de toxicidade elevada na estação do verão. As variações da concentração letal podem ser devidas a alterações sazonais do peso dos tecidos do organismo e não a qualquer variabilidade no teor absoluto de metal do organismo. Existem muitos factores que podem afetar a biodisponibilidade e a ingestão de metais pesados pelos organismos, tais como variações nos parâmetros físico-químicos da água circundante, como a temperatura, o pH, o total de sólidos suspensos (TSS), o carbono orgânico dissolvido (DOC), entre outros (Van Hattum *et al,* 1996); variações no fluxo de água (alto e baixo), que podem causar diluição das concentrações de poluentes na água (Camusso *et al.,* 1994); e variações na fisiologia dos organismos (Kraak *et al.,* 1991; Naimo *et al.,* 1992). Estes factores permanecem em constante interação no ambiente e estas interações podem causar diferentes padrões de ingestão de metais pesados pelos organismos.

Os bivalves foram escolhidos para este estudo porque satisfazem muitos dos requisitos de um bom monitor biológico (Phillips, 1980). São um pouco sedentários, abundantes a nível regional, têm uma vida longa e uma massa de tecido adequada para análise. Absorvem facilmente muitos poluentes e a sua carga corporal parece refletir os níveis médios de exposição ao longo do tempo (Naimo, 1995). Por conseguinte, estes organismos têm sido largamente utilizados em programas de monitorização biológica em água doce (Manly e George, 1977; Foster e Bates, 1978; Millington e Walker, 1983);

No entanto, devem ser tidos em conta outros parâmetros fisiológicos, como o ciclo reprodutivo, o stress causado pela manipulação e a adaptação a outro ambiente, que são impossíveis de controlar e que podem afetar a ingestão de poluentes organoestânicos pelos mexilhões. As alterações da fisiologia podem resultar em alterações da taxa de ingestão e de excreção desses poluentes, o que provoca alterações na variação sazonal das concentrações de toxicidade aguda durante a presente investigação. Os bivalves, em particular, apresentam ciclos de crescimento e reprodução que resultam em alterações sazonais no metabolismo dos animais, o que pode afetar a taxa de absorção e excreção de alguns metais. Observações semelhantes foram registadas por (Kraak *et al.,* 1991; Naimo *et al.,* 1992). Por conseguinte, as diferentes tendências observadas para as variações sazonais das concentrações de stress de cloreto de tributilestanho em *L. marginalis* podem dever-se a alterações na fisiologia animal. Boldrini *et al.,* (1983) referiram que as concentrações de metais no sedimento eram mais elevadas durante o período de águas baixas, ou seja, no verão. Por conseguinte, devido ao menor volume de água durante o período de águas baixas e, consequentemente, a um menor efeito de diluição, esperava-se encontrar concentrações mais elevadas de metais na água durante este período, o que reflectiria concentrações mais elevadas de metais nos animais.

Floach *et al.,* (1964) calcularam a $CL_{100}$ para várias espécies de invertebrados de água doce utilizando acetato de tributilestanho. A concentração letal de TBT para *Daphnia magna* durante 24 e 72 horas foi de 0,12 mg/litro e 0,06 mg/litro, respetivamente. A $LC_{100}$ foi de 0,15 mg / lit para 72 horas de exposição a *Daphnia magna* e de 0,15 mg / lit para 96 horas de exposição a Cypridopsis. O $LC_0$ foi de 0,075 mg / litro, para ambas as espécies. No entanto, verificou-se que *a Daphnia* é consideravelmente mais sensível ao TBT. Robert *et al.* (1987) mantiveram ostras adultas, *Craffostrea virginica*, em soluções de TBT contendo 0,05, 0,1, 0,5 e 1 μgm / lit durante oito semanas. Observou que 20% e 30% da mortalidade ocorreu entre a segunda e a quarta semana de exposição. Meador *et al.*, (1993, 1996) relataram toxicidade aguda ($LD_{50}$ s) para *Rhepoxynius abronius, Eohaustorius washingtonianus* e *Armandia brevis* em concentrações que variam de 34 - 89 mg TBT / kg de peso corporal. A $CL_{50}$ de 48 horas foi de 2,3:g/litro; a NOEC foi estimada em 0,5:g/litro com base na inversão da resposta normal à luz (IPCS, 1990). (Fargasova, 1997) comunicou que o valor de toxicidade a longo prazo (21-day NOEC) para *Daphnia magna* é de 0,19:g/litro; a $LC_{50}$ 96-h para *Tubifex tubifex* é de 0,1 :g/litro.

Davidson *et al.*, (1986) calcularam a CL de 96 $h_{50}$ como sendo 0,42 µg / lit, depois de exporem o camarão mysid, *Acanthomysis sculpta* a um lixiviado de TBT. Walsh (1986) expôs o caranguejo-toupeira, *Emerita talpoida*, a uma concentração de 10 µg TBTO / litro de água do mar, não tendo sido observado qualquer efeito na sobrevivência do caranguejo após 7 dias de exposição. Os efeitos sobre as larvas de ostras comuns expostas a 0,02-100 □g/L de acetato de tributilestanho foram estudados por His e Robert (1985), como resultado, no grupo de larvas expostas ao acetato de tributilestanho a 0,05 □ □g/L (0,05 □g/L em termos de cloreto de tributilestanho) ou mais, o crescimento foi inibido e as mortes foram observadas dentro de 10 dias. A concentração de efeito não observado no crescimento foi relatada como sendo de 0,02g/L (0,02 □ g/L em termos de cloreto de tributilestanho).

Waldock e Thain (1983) expuseram *C. gigas* ao óxido de TBT (TBTO) durante 56 dias; referiram que os juvenis expostos a 0,15 µg/L de TBTO não cresceram tão bem como os controlos e apresentaram um espessamento pronunciado da concha superior, e que os juvenis expostos a 1,6 µg/L de TBTO sofreram uma inibição grave em termos de crescimento. Roberts (1987) efectuou testes de toxicidade aguda de 48 horas na amêijoa dura *(Mercenaria mercenaria)* e na ostra *(Crassostrea gigas)*, utilizando cloreto de tributilestanho (TBTCl). A concentração máxima de exposição foi de 1,3µg/L de TBTCl. Os valores $LC_{50}$ de 48 horas foram 1,13µg/L para as amêijoas e 1,30µg/L para as ostras. Para as larvas de ambas as espécies, os valores $LC_{50}$ a 48 horas foram de 1,65µg/L para as amêijoas e 3,96µg/L para as ostras. Beaumont e Budd (1984) expuseram larvas veliger do mexilhão *(Mytilus edulis)* ao TBTO durante 15 dias. Nenhuma larva sobreviveu mais de 5 dias em 10 μg/L TBTO, ou mais de 10 dias em 1 μg/L TBTO. Cerca de metade das larvas expostas a 0,1 μg/L TBTO estavam mortas no Dia 15 (ou seja, 15-d $LC_{50}$ aproximadamente 0,1 μg/L TBTO), e a maioria das larvas sobreviventes estavam moribundas e tinham crescido significativamente mais lentamente do que os controlos.

Sujatha *et al.*, (1996) investigaram os efeitos subletais da exposição ao óxido de TBT (TBTO) utilizando a amêijoa estuarina tropical, *Villorita cyprenoides.* O valor $LC_{50}$ de 96 h para o TBTO foi de 80μg/L para esta espécie (Sujatha, 1992; citado em Sujatha *et al.,* 1996), nos estudos subletais, o consumo de oxigénio pelas amêijoas expostas a 10μg/L de TBTO durante 96 h foi inferior a um décimo dos animais de controlo; foram também observados outros efeitos subletais. Os valores $LC_{50}$ para o efeito dos compostos organoestânicos em *Daphnia magna* também foram determinados. O cloreto de tributilestanho teve um valor $LC_{50}$ igual a 0,00095 mg/L e o dicloreto de dimetilestanho teve um valor $LC_{50}$ igual a 19,27 mg/L. Kungolos *et al.*, (2004) estudaram os testes de toxicidade realizados para determinar as propriedades tóxicas de quatro compostos organoestânicos e três metais pesados e para examinar os efeitos interactivos de misturas binárias de metais para o crustáceo de água doce *Daphnia magna*, tendo-se verificado que o cloreto de tributilestanho e o cobre eram as substâncias mais tóxicas para os organismos testados. Kharat *et al.*, (2009) mostraram que foi determinada a $CL_{50}$ para 48 horas do cloreto de tributilestanho organoestânico na taxa de consumo de oxigénio do camarão de água doce, *Macrobrachium kistnensis.* Os aumentos no consumo de oxigénio em 1 e 2 horas indicaram uma resposta imediata ao ambiente tóxico e a elevação inicial na taxa de consumo de oxigénio mostrou uma fase compensatória para melhorar a atividade fisiológica, mas a diminuição constante pode ser devida à falha do metabolismo respiratório em *Macrobrachium kistnensis.*

A determinação do valor $LC_{50}$ é de imensa importância, uma vez que fornece dados fundamentais para a conceção de um modelo de eliminação mais complexo. Os valores obtidos são muito úteis na avaliação do nível de segurança ou do nível de tolerância de um poluente. Mary, (1984) referiu que os valores $LC_{50}$ dependem das concentrações de pesticidas e também do tempo de exposição. O valor $LC_{50}$ de 96 horas foi baixo, mas a taxa de mortalidade foi elevada. Srinivasulu reddy *et al.*, (1985) referiram que os valores $LC_{50}$ e o período de exposição apresentavam uma relação inversa. O resultado mostra que os valores $LC_{50}$ diminuíram com o aumento do período de exposição e vice-versa e também os limites de confiança de 95 %. Sultana, (1995) relatou que a avaliação da toxicidade dos metais pesados $CuSo_4$, $HgCl_2$ e ZnSo4 foi efectuada no bivalve *L. marginalis* e $Lc_{10}$ e os valores $LC_{50}$ foram calculados, mostrando que o HgC12 era mais tóxico do que o CuSo4 e o ZnSo4, respetivamente. Eldon *et al.*, (1981) estudaram os efeitos de baixas concentrações de metais pesados no bivalve. Resultados semelhantes foram obtidos por Patil, (1993) em *L. marginalis* quando exposto a metais pesados como $CuSo_4$ , HgC12 e CdC12. Avaliação da toxicidade do $ZnSo_4$ para o caracol de água doce, *Viviparus bengalensis.* Alam, (1984) os iões de metais pesados em concentrações suficientemente elevadas podem matar organismos ou causar efeitos adversos que alteram a estrutura da comunidade aquática. Catherine e Jayapaul (1993) estudaram a toxicidade aguda do Zn para o mexilhão verde, *Perna viridis*, e registaram os valores mais elevados de Zn acumulado nas vísceras, seguido das brânquias e do manto. Ong *et al.*, (2001) estudaram a toxicidade do cádmio, do cobre e do zinco na amêijoa, *Donax faba,* e observaram que o Zn é tóxico quando ocorre uma quantidade excessiva no organismo.

Hall e Pinkney, (1985) também analisaram o efeito dos organoestânicos em níveis agudos e subletais em ecossistemas de água doce e estuarinos. Nas experiências efectuadas por Holwerda e Herring (1986), verificou-se que a amêijoa de água doce *Anodonta anatine* não conseguia sobreviver à exposição ao óxido de tributilestanho numa concentração equivalente a 5µg Sn/L durante mais de 6 semanas. Dode, (1993) comunicou que os valores $LC_{50}$ dos cinco grupos de tamanho do camarão de água doce, *Macrobrachium kistnensis*, expostos a diferentes concentrações de óxido cuproso durante 24, 48, 72 e 96 horas, mostram que a toxicidade relativa aumenta com o aumento do tempo de exposição, uma vez que os valores $LC_{50}$ diminuem à medida que o período de exposição aumenta. Kungolos *et al.*, (2001) estudaram a toxicidade de quatro compostos organoestânicos para o crustáceo de água doce *Daphnia magna.* O cloreto de tributilestanho revelou-se o mais tóxico dos quatro compostos organoestânicos. Shejule *et al.*, (2006) comunicaram os valores $LC_{50}$ do cloreto de tributilestanho organoestânico exposto ao camarão de água doce, *Macrobrachium kistnensis*; durante 24, 48, 72 e 96 horas, os valores $LC_{50}$ foram de 0,33 ppm, 0,26 ppm, 0,17 ppm e 0,09 ppm, respetivamente. Mostraram que os valores $LC_{50}$ diminuíram com o aumento do período de exposição. Kharat, (2007) apresenta os mesmos resultados dos valores $LC_{50}$ do cloreto de tributilestanho organoestânico exposto ao camarão de água doce, *Macrobrachium kistnensis*.

O efeito do cloreto de tributilestanho nos organismos de água doce é bastante insuficiente em comparação com os organismos marinhos, pelo que, no presente trabalho, se procura estudar o efeito do cloreto de tributilestanho na sobrevivência do bivalve de água doce, *L. marginalis*.

$_{50}$ No presente estudo sobre *Lamellidens marginalis* exposto ao cloreto de tributilestanho durante 96 horas, observou-se que os animais testados apresentaram valores de CL de 1,0 ppm no verão, enquanto na monção e no inverno foram de 1,8 e 2,2 ppm, respetivamente. Assim, esta espécie revelou comparativamente uma maior sensibilidade ao cloreto de tributilestanho no verão, seguido da monção e do inverno. Os valores $LC_{50}$ do cloreto de tributilestanho em diferentes estações do ano em *L. marginalis* no presente estudo podem ser explicados pela diferença na alteração do estado fisiológico do animal em coordenação com a alteração do ciclo reprodutivo e dos parâmetros ambientais. O aumento da temperatura, o baixo teor de oxigénio e a baixa disponibilidade de alimentos na massa de água que habita os animais no verão são os principais responsáveis pela exigência fisiológica para a sobrevivência da espécie. A nossa observação é apoiada por Alderidge (1976), que referiu que os compostos de tributilestanho influenciam os invertebrados aquáticos e sugeriu que o composto de tributilestanho deve estar a atuar nos locais enzimáticos organizados das células, na concentração aquática que inicialmente aumenta e depois diminui a taxa de consumo de oxigénio, causando mortalidade. Wulf e Byington (1975) fizeram uma observação semelhante e afirmaram que os compostos organoestânicos são conhecidos por causarem uma variedade de efeitos nas mitocôndrias, o que se correlaciona com o aumento do consumo de oxigénio no início e depois diminui, e o consumo de oxigénio diminui à medida que a concentração de poluente aumenta gradualmente. Além disso, sabe-se que os compostos de tributilestanho inibem a ATPase de translocação de iões (Selvin *et al.,* 1970).

Em conclusão, a resposta de *L. marginalis* ao ambiente tóxico do cloreto de tributilestanho é bastante evidente a partir da variação sazonal da toxicidade, verão> monção> inverno. Além disso, a variação da concentração letal aguda na monção, no inverno e no verão pode ser afetada por parâmetros ambientais, fisiológicos e biológicos que se verificou serem mais elevados em comparação com a monção e o inverno, onde ambas as estações são favoráveis a uma baixa toxicidade.

# REFERÊNCIAS

**Abbes A, Chouahda S, Soltani N.** (2003): Activite comparee de deux biomarqueurs du stress environnemental dans divers tissus chez deux especes de bivalves *pechees dans la region d'Annaba. Boletim INSTM* 8:123-126.

**Abbots, W.S. (1925):** Um método para calcular a eficácia de um inseticida. *J. Econ. Entomol.* 18: 265-267.

**Abdennour C, Khelili K, Boulakoud MS, Rainbow PS.** (2004): Trace metals in marine, brackish and freshwater prawns (Crustacea, Decapoda) from northeast Algeria. *Hydrobiologia* 432: 217-227.

**Abdennour C, Smith BD, Boulakoud MS, Samraoui B, Rainbow PS.** (2000). Metais vestigiais em camarões e sedimentos de águas argelinas. *J. Catalog. Mat. Env.* 3: 9-12.

**Akther, N. M. e P. M. Mohan** (1995): Biorremediação de iões metálicos tóxicos da água de lagos poluídos e de efluentes industriais por biossorvente fúngico. *Corr. Sci.* 69, 1028 -1030.

**Alam S.** (1984): Alguns aspectos da fisiologia de *Viviparus bengalensis. Tese de doutoramento, Universidade de Marathwada,* Aurangabad.

**Aldridge, D.W.** (1983): Physiological ecology of freshwater prosobranchs: In the Molluscs, (W.D. Russel-Hunte, ed.) Vol. 6, pp. 329-358. Imprensa académica, Nova Iorque.

**Alderidge W.N.** (1976): A influência dos compostos organoestânicos na função mitocondrial. In: organotin compounds: New chemistry and application (Zuckrman J.J. eds.) *Amerian chemical society.* Wanshigton D.C. 186-196.

**Almeida, M.J., Machado, J. e Coimbra, J.** (1999): Crescimento e composição bioquímica de *Crossostrea gigas* (Thunberg) *Ostrea edulis* (Linne) em dois estuários do norte de *Portugal. J. Shellfish Res.* 18(1): 139146.

**Alzieu C. e Heral M.** (1984): Efeitos ecotoxicológicos dos compostos organoestânicos na ostreicultura. In : Persoune G. Jaspers E. e Claws. C (eds) Ecotoxicological testing for and claws. C. (eds). *Ecotoxicological testing for the marine Environment,* 1. 87-196.

**Alzieu, C.,** (2000): Impacto do tributilestanho em invertebrados marinhos. Ecotoxicology 9, 71 76.Anderson, D.W., Hickey, J.J., 1972. Eggshell changes in certain North American birds. *Proc. Int. Ornithol. Congr.* 15, 514-540.

**Alzieu, C., Sanjuan, J., Deltreil, J.P., Borel, M.,** (1986): Contaminação por estanho na Baía de Arcachon - Efeitos nas anomalias das conchas de ostras. *Mar. Pollut. Bull.* 17, 494-498.

**Alzieu, C., Sanjuan, J., Michel, P., Borel, M., e Dreno, J.P.** (1989): Mnitoring and assessment of butyltins in Atlantic coastal waters, Marine pollution Bulletin Vol. 20, pp. 22-26.

**Alzieu, C., Y. Thibaud, M. Heral e B. Boutier.** (1980): Avaliação dos riscos da utilização de tintas anti-incrustantes na proximidade de zonas de ostras. *Rev. Trav. Inst. Peches Marit.* 44:301348.

**Anderson S., Sadinski W., Shugart L., Brussard P., Depledge M., Ford T., Hose E., Stegeman J., Suk W., Wirgin I., Wogan G.** (1994): Genetic and molecular ecotoxicology: a research framework. Environmental *Health Perspectives. Vol.* 101. P. 3-8.

**Andrews, J.D.** (1979): Pelecypoda: ostreidae. In: Reproduction of Marine Invertebrates. (Eds. Giese, A.C. e pearse, J. 8.) *Academic press, New york, Vol.* 5, pp. 293-341.

**Ansell, AP., Loosomore, F.A. e Lander, K.F.** (1964): estudo sobre a amêijoa de concha dura, *venus mercenaria*, em águas britânicas. II- ciclo sazonal no estado e composição bioquímica. *J.Appl. Ecol.,* 1: 83-95.

**Arakawa Y, Wada O.** (1984): Immunotoxicity of organotin compounds. Igaku no Ayumi 136:177-181 (japonês).

**Arunee S.** (1986): Toxicidade aguda de mercúrio e cobre para o caracol de água doce. *Kasetsart Newsletter* 31, 39-51.

**Au, D.W.T.,** (2004): A aplicação de biomarcadores histo-citopatológicos na monitorização da poluição marinha: uma revisão. *Mar. Poll. Bull.* 48, 817-834.

**Auffret, M** (1988): Alterações histopatológicas relacionadas com a contaminação química em *Mytilus edulis* em condições de campo e experimentais. *Mar Ecol Prog Ser* 46:101-107.

**Baker, J.T.P.** (1969): Observações histológicas e de microscopia eletrónica sobre o envenenamento por cobre na solha de inverno, *(Pseudopleuronects americanus). J. Fish. Res. Board, Canadá,* 26: 2785-2793.

**Batt, J. M.** (2006): The world of organotins chemicals: applications, substitutes, and the environment. Associação do Programa Ambiental dos Organotins (ORTEPA). Avaliado em novembro de 2007.

**Batley, G.** (1996): A distribuição e o destino do tributilestanho no ambiente marinho. In: *Tributyltin: case study of an environmental contaminant.* S.J. de Mora (Ed.). Cambridge University Press, Reino Unido. pp. 139- 166.

**Barsiene Jaina e Aleksandras Rybackovas.** (2008): Cytogenetic damage in gill and gonad cells of bivalve mollusks. *Jon. Ekologija.* Vol. 54. No. 4. p. 245-250.

**Bayne, B.L. Thompson, R.J.** (1970): algumas consequências fisiológicas da manutenção de *Mytilus edulis* em laboratório. *Hegol. Wiss. Meesunter*: 526-552.

**Beaumont,A.R. e Budd,M.D.**(1984): Alta mortalidade das larvas do mexilhão comum em baixas concentrações de *tribuyXtin.Mar.Pollut.Bull.,* 15,402-405.

**Becerra-Huencho, R.M.** (1984): O efeito do organoestanho e do sulfato de cobre no desenvolvimento tardio e no comportamento de pré-assentamento da amêijoa *Mercenaria mercenaria.* Tese de mestrado. Universidade de Maryland, College Park, MD. 85 pp.

**Bennett R.F.** (1996): Industrial manufacture and applications of tributyltin compounds [in:] Tributyltin: a case study of an environmental contaminant, De Mora S.J. (Ed), *Cambridge Environmental Chemistry series,* Cambridge Univ. Press, Cambridge, pp. 21-61

**Bhagyalakshmi, A.** (1981): Physiological studies on the fresh water field crab, *Oziotelphusa senex senex* (Fab) in relation to pesticide impact. *Tese de doutoramento, Universidade Sri Venkateswara de* Tirupati, Índia.

**Bhamre P.R.** (1993): Impacto dos poluentes em alguns aspectos fisiológicos do bivalve de água doce, *Parreysia cylindrica.* Tese de doutoramento. Universidade de Marathwada, Aurangabad. (M.S.)

**Bhamre, P.R., Lomte V.S., Pawar K.R.** (1996): Acute toxicity of some selected heavy metals to freshwater bivalve *Parreysia favidens. Polln Res,* 15(2) 143-145.

**Bhavani G e Dawood shareifs S. (2003):** (Tal Environ Sci, PGRes Dept Zoo, The New College, Chennai 600014). Bioabsorção de cádmio e mercúrio pelo mexilhão-Perna *viridis. Eco Env Conserv,* 9 (3), 285-289.

**Bhomre PR, Lomte VS, Pawar KR.** (1996): Toxicidade aguda de alguns metais pesados selecionados para o bivalve de água doce *Parreysia favidens. Pollut Res* 15, 143-5.

**Blunden S.J., Hobbs L.A., Smith P.J.** (1984): The environmental chemistry of organotin compounds [in:] Environmental Chemistry, Bowe H.J.M., (Ed), *The Royal Society of Chemistry, London,* pp. 49-77.

**Bodar, C.W. M., E.G. Van Donselaar e H.J.**

**Herwig** (1990): Investigações citopatológicas do trato digestivo e das células de armazenamento em *Daphnia magna* expostas ao cádmio e ao tributilestanho. *Aquat. Toxicol.* 17 : 325 - 338

**Boening DW.** (1999): An evaluation of bivalves as biomonitors of heavy metals pollution in marine waters. *Environ. Monit. Assess.* 55: 459-470.

**Boldrini, C. V., Padua, H. B., Pereira, D. N., Resende, E. K., e Juras, A. A.** (1983): Contaminagao por Hg nos rios Mogi-Guagu e Pardo (SP). *Revista* DAE, 135, 106-117.

**Bourgion, B.I.P. e Risk, M.J.** (1987): Contaminação de vanádio monitorizada por um bivalve ártico, *Cytodaria kurriana. Bull. Environ. Toxicol.,* 39: 1063-1068.

**Bouzeraa, N., Abbes, A., Soltani, N.** (2004). Analyse des proteines chez trios especes de bivalves vivant dans des milieux differents, la lagune El Mellah et le golfe d'Annaba. *Boletim INSTM9*: 97-100.

**Brooks, R.R. e Rumsby, M.G.** (1967): Studies on the uptake of cadmium by the oyster, *Ostrea sinuate. Aust. J. Mar. Fresh Water Res.,* 18: 53-61.

**Brown, V.M., Mitrovic V.V. e T.C. Stark** (1968): Efeito da exposição crónica ao zinco na toxicidade da mistura de detergente e água de zinco. *Res.* 2: 263-285.

**Brumm-Scholz, M., Fioroni, P., Ide, I., Liebe, S., Stroben, E., Oehlman, J. & Watermann, B.** (1994). Durch Organozinnverbindungen (TBT) aus Unterwasseranstrichen hervorgerufene Schaden bei der Strandschnecke ( Littorina litttorea). In: Lozan, J. et al. (Hrsg.). Warnsignale aus dem Wattenmeer. Blackwell Wissenschaftsverlag, Berlim.

**Brungs, W.A., McCormik, J.W., Spehar, C.E. e Stokes, G.N.** (1977): Effects of pollution of freshwater fish. *J. Wat Pollut. Cont. Fed.* Washington, 49, 14251439.

**Bruno, D. W. e A. E. Ellis** (1988): Histopathological effects in Atlantic salmon, *Salmo salar* L., attributed to use of tributyltin antifoulant. *Aquaculture* 72 : 15 - 20.

**Bryan, G.W., Gibbs, P.E., Burt, G.R., Hummerstone, L.G.,** (1987): The Effects of Tributyltin (TBT) Accumulation on Adult Dog-Whelks, *Nucella Lapillus* - Long-Term Field and Laboratory Experiments. *J. Mar. Biol. Assoc.* U.K. 67, 525-544.

**Bryan, G.W., Gibbs, P.E., Huggett, R.J., Curtis, L.A., Bailey, D.S., Dauer, D.M.** (1989): Effects of tributyltin pollution on the mud snail, *Ilyanassa obsoleta,* from the York River and Sarah Creek, Chesapeake Bay. *Mar. Pollut. Bull.* 20, 458-462.

**Bryan, G.W., Gibbs, P.E., Hummerstone, L.G., Burt, G.R.**, (1986): The Decline of the Gastropod *Nucella Lapillus* around Southwest England - Evidence for the Effect of Tributyltin from Antifouling Paints. *J. Mar. Biol. Assoc. U.K.* 66, 611-640.

**Camusso, M.; Balestrini, R.; Muriano, F. e Mariani, M.** (1994): Utilização do mexilhão de água doce *Dreissena polymorpha* para avaliar a poluição por metais vestigiais no baixo rio Pó (Itália). *Chemosphere,* 29: (4), 729-745.

**Catherine A. Jayaseeli e Jayapaw Azariah.** (1993): Accumulation and distribution of Zn in green mussel, *Perna viridis* (Linnaeus)". *Poll. Res.,* 12(3): 127-133.

**Champ M.A., Seligman P.F.** (1996): An introduction to Organotin compounds and their use in antifouling coatings [in:] Organotin - *Environmental Fate and Effects,* Champ M.A., Seligman P.F., (Eds), Chapman&Hall, London, pp. 1-25

**Chapman, D.** (1992): Water quality assessments. Chapman & Hall, Londres:

**Chau, Y. K., R. J. Maguire e P. T. Wong** (1983): Alkyltin compounds in the aquatic environment in proceeding of the 9th annual aquatic toxicity workshop. Mckay, WC. *Ed. Canadian technical reports of fishes and aquatic sciences no* 1163 *Dept of fisheries and oceans, Ottwa Ontario,* Canada. P 204.

**Chaudhari, T.R., M.L. Jadhav e V.S. Lomte.** (1988): Acute toxicity of organophosphates to freshwater snails from panzara River at Dhule, M.S., India. *Ambiente e Ecologia* 6:11.

**Clark, E.A., R.M. Sterritt e J.N. Lester.** (1988): The fate of tributyltin in the aquatic environment. *Environ. Sci. Technol.* 22:600-604.

**Crompton, T.R.** (1998): Occurrence and analysis of organometallic compounds in the environment. John Wiley & Sons, Chichester, NY, EUA.

**Davidson, B.M., A.O. Valkirs e P.F. Seligman. (1986a.)**: Acute and chronic effects of tributyltin on the mysid Acanthomysis sculpta (Crustacea, Mysidacea). NOSC-TR-1116 ou AD-A175-294-8. Serviço Nacional de Informação Técnica, Springfield, VA.

**Davidson, B.M., A.O. Valkirs e P.F. Seligman.** (1986b): Acute and chronic effects of tributyltin on the mysid *Acanthomysis sculpta* (Crustacea, Mysidacea). In: Oceans 86, Vol. 4. *Simpósio Internacional de Organotina. Sociedade de Tecnologia Marinha,* Washington, DC. pp. 1219-1225.

**De Mora S.J.** (1996): Tributyltin: Case Study of an *Environmental Contaminant, Cambridge University Press,* Cambridge, pp. 300.

**Dode C. R.** (1993): Effect of organotin constituents copper on the physiology of freshwater prawn, *Macrobrachium kistnensis*: Ph. D thesis, Marathwada University, Aurangabad.

**Eisler, R.** (1989): Perigos do estanho para os peixes, a vida selvagem e os invertebrados: A synoptic review. *U.S. Fish Wildl. Serv. Biol. Rep.* 85(1.15). 83 pp.

**Elder, J.F. & Collins, J.J.** (1991): Freshwater molluscs as indicators of bioavailability and toxicity of metals in surface-water systems. *Rev. Environ. Contam. Toxicol.,* 122: 37-79.

**Eldon jon, Marketta pekkarinen e Rolf kristoffersson.** (1981): Effect of low concentrations of heavy metal on the bivalve, *Macoma balthica". Ann. Zool. Fenn.,* 17(4): 233-242.

**Ellis, M.M.** (1937): Deteção e medição da poluição dos cursos de água. *Bull. U.S. Bar. Fish,* 48: 365-437.

**El-Sikaly A, Khaled A, El Nemr A,** (2004): Monitorização de metais pesados utilizando bivalves do Mar Mediterrâneo e do Mar Vermelho. *Environ. Monit. Assess.* 98 : 41-58.

**Fargasova, A.** (1997): Estudo comparativo do efeito ecotoxicológico de compostos de triorganotina em vários objectos biológicos. *Ecotoxicologia e segurança ambiental,* 36:38-42.

**Fent, K.,** (1996): Ecotoxicologia dos compostos organoestânicos. *Crit. Rev. Toxicol.* 26, 1-117.

**Fent, K., e M'uller, M.D.,** (1991): Ocorrência de organoestânicos em águas residuais municipais e lamas de depuração e comportamento numa estação de tratamento. *Environ. Sci. Technol.* 25, 489-493.

**Finney, D. J.** (1971): Métodos estatísticos em ensaios biológicos. *3ª edição. - Cambridge University Press,* Londres, Inglaterra. Pp. 1-333.

**Finney. D.J.** (1964): probit analysis, 2nd edition, Cambridge University press, London, England.

**Fioramonti, E., Semlitsch, R.D., Reyer, H.-U., Fent, K., (1997)**: Effects of triphenyltin and pH on the growth and development of *Rana lessonae* and *Rana esculenta tadpoles. Environ. Toxicol. Chem.* 16, 1940-1947.

**Fishelson L, Bresler V, Manelisa R, Zuk-Rimon Z., Dotan A, Hornung H, Yawetz A,** (1999): Aspectos toxicológicos associados à ecologia de *Donax trunculus* (Bivalvia, Mollusca) num ambiente poluído. *Sci. Total Environ.* 226: 121-131.

**Fisher R.A. e Yates F.** (1963): Reimpresso como um resumo da tabela III das Tabelas estatísticas para investigação biológica, agrícola e médica, autorização do grupo Longman U.K. Limited.

**Floach, H. Deschines, R. e Floch T**. (1964): Surles properties molluscicides de, oxyde, et de 1' acetate de tributyletain (prophylaxiedes billharzioses. *Bull. Soc.pathol. Exot.* 57:454-465

**Foster, R. B. e Bates, J. M.** (1978): Utilização de mexilhões de água doce para monitorizar descargas industriais pontuais. *Environ. Sci. Technol.,* 12: (8), 958-962.

**Fuller (S. L. H.).** (1974): Clams and Mussels (Mollusca: Bivalvia). In: Pollution Ecology of Freshwater Invertebrates, Hart (C.W.) Jr., Fuller (S.L.H.) eds., Acad. Fuller (S.L.H.) *eds., Acad. Press, Nova Iorque, São Francisco,* Londres,215-273.

**Gibbs, P.E. e G.W. Bryan.** (1996b): TBT-induced imposex in neogastropod snails: masculinization to mass extinction. In: *Trybutyltin: case study of an contaminante ambiental.* S. J. de Mora (Ed.) *Cambridge University Press.* pp. 212-236.

**Gokhale, A.A.** (1994): Impact of fluoride on freshwater bivalve mollusks. Pp. 1-305.

**Gomot A.** (1997): Efeito dose-dependente do cádmio no crescimento de caracóis em bioensaios de toxicidade. *Arch. Environ. Contam. Toxicol.* 33, 209-16.

**Goodman,L.R., Cripe,G.M., Moody,P.H. and Halsell,D.G.(**1988): Toxicidade aguda de malatião, tetrabromobisfenol-A e cloreto de tributilestanho em *mysids(Mysidopsis bahia)* de três idades. *Bull.Environ.Contam. Toxicol.,* 41,746-753.

**Goodwin, T. H., A. R. Young, M. G. R. Holmes, G. H. Old, N. Hewitt, G. J. L. Leeks, J. C. Packman e B. P. G. Smith,** (2003): A variabilidade temporal e espacial do transporte e produção de sedimentos na bacia hidrográfica de Bradford Beck, West Yorkshire. *Sci. Total Environ.,* 314-316: 475-494.

**Grosell M, Brix KV** (2005): Introdução à edição especial sobre mecanismos na toxicologia dos metais. *Aquat. Toxicol.* 72: 3-4.

**Hall, Jr., L.W. e S.J. Bushong** (1996): A review of acute effects of tributyltin compounds on aquatic biota. In*: Organotin: Environmental Fate and Effects.* Champ, M.A. e P.F. Seligman (Eds.). Chapman and Hall, *Londres*. pp. 157-190.

**Hall, L.W., Jr. e Pinkney, A.E.** (1985): Acute and sublethal effects of organotin compounds on aquatic biota: Uma avaliação interpretativa da literatura. *Crit. Rev. Toxicol.* 14:159-209.

**Hart, W. B., Duodoroff P. and Greenbank J.** (1945) : The evaluation of the toxicity of industrial waste, chemicals and othe substances to freshwater fishes. Laboratório de controlo de resíduos. Atlentic Refining. Co. Philadelphia.

**Haynes D, Leeder J, Rayment P.** (1997): A comparison of the bivalve species *Donax deltoids* and *Mytilus edulis* as monitors of metal exposure from effluent discharges along the ninety mile beach, Victoria, Australia. *Mar. Pollut. Bull.* 34: 326-331.

**Heath AG,** (1987): Water pollution and fish physiology. *CRC. Press, Boca Raton. 245pp.*

**Herricks EE, Schaeffer DJ, Perry JA** (1989): Biomonitoring: closing the loop in environmental sciences. Pages 351 - 366 in Levin SA, Harwell MA, Kelly JR, Kimball KD (eds) *Ecotoxicology: problems and approaches*. New York: Springer

**Hickey C.W; Buckland S.J; Hannah D.J; Roper D.S; e Stueben K;** (1997): Polychlorinated biphenyls and organochloride pesticides in the freshwater mussel, *Hyridell menziesi* from the waikato River, New Zealand. *Bull. Environ. Contam. Toxicol. Vol.* 59, no. 1, pp. 106112. JW 1997.

**Hines A, Oladiran G, Bignell J, Stentiford GD, Viant MR** (2007a): Amostragem direta de organismos no terreno e conhecimento do seu fenótipo: recomendações fundamentais para a metabolómica ambiental. *Environ Sci Technol* 41: 3375-3381.

**His, E. e Robert, R.** (1985): Developpement des veligeres de Crassostrea gigas dansle Bassin d'Arcachon, etudessurles mortalities larvairres.*Rev.Trav.Inst.Peches Marit,* 47,63-88.

**Hoch M.** (2001): Organotin compounds in the environment: an overview, *Appl. Geochem,* 16: 719-43.

**Holden, A.W.** (1973): Environmental pollution by pesticides. *Ed., C.A. Edwards, Plenum Press,* 213-253.

**Holwerda, D.A. e H.J. Herwig.** (1986): Acumulação e efeitos metabólicos do Dicloreto de Di-n-Butilestanho na amêijoa de água doce, *Anadonta natina. Bull. Environ. Contam. Toxicol.* 36: 756-762.

**Horiguchi, T., Shiraishi, H., Shimizu, M. e Morita, M.** (1997): Efeitos do cloreto de trifenilteno e de cinco outros compostos organoestânicos no desenvolvimento de imposex na concha de rocha, Thai clavigera, *Environ. Pollut.* 95: 85-91.

**Indira, B.,** (1989): Effect of antifouling organometallic compounds on the physiologylogy of freshwater prawn, *Cardina weberi.* Tese de doutoramento, Universidade de Marathwada, Aurangabad.

**IPCS.** (1990): Compostos de tributilestanho. Genebra, Organização Mundial de Saúde, *Programa Internacional de Segurança Química (Critérios de Saúde Ambiental* 116).

**Isani. G; Monari M; Andreani G; Fabbri M; e Carpene E (2003):** *Efeito da Exposição ao Cobre sobre as Enzimas Antioxidantes no Molusco Bivalve* Scapharca inaequivalvis. Veterinary Research Communication. *Vol. 27Páginas 691-693.*

**Islam MD, Tanaka M** (2004): Impact of pollution on coastal and marine ecosystems including coastal and marine fisheries and approach for management: a review and synthesis. Mar. Pollut. Bull. 48: 624-649.

**Jadhav, S.M.** (1993): Impacto dos poluentes em alguns aspectos fisiológicos do bivalve de água doce, *Corbicula straitella.* Tese de doutoramento. Universidade de Marathwada, Aurangabad (M.S.) Índia.

**Jha A. N.** (2004): Estudos genotoxicológicos em organismos aquáticos: uma visão geral. *Mutation Research.* Vol. 552. P. 1-17.

**Kamaldeep, K. e Toor, H.S.** (1977): *Indian Journal of experimental Biology,* 15.

**Kharat P.S.** (2007): Alguns aspectos fisiológicos do camarão de água doce, *Macrobrachium kistnensis* exposto ao cloreto de tributilestanho organoestânico. Tese do Dr. B.A.M.U. Aurangabad. páginas 1-185.

**Kewal Jaiswal, R. Nagabhushanam e R. Sarojini** (1989): Influência do naftaleno nos tecidos de Macrobrachium kistnensis. Geobios Vol. 16 (5) 197-202.

**Kluytmans J.H, Brands F, Zandee D.I** (1988) Interações do cádmio com o ciclo reprodutivo de *Mytilus edulis* L. Mar Environ Res 24:189-192

**Kneip, T.J. e Louer, G.J.** (1973): factores de concentração de metais vestigiais em ecossistemas aquáticos. *Progress in Aani. Chem.,* 5: 43-62.

**Koundinya, P. R. e Ramamurthi, P.** (1979): Effect of sub-lethal concentration of sumethion and sevin on certain haematological values of Sarotherodon mossambicus. *Curr. Sci.,* 49: 645-646.

**Kraak, M.H.S.; Scholten, M.C.TH.; Peeters, W.H.M.;**

**Kock, W.CHR. de.** (1991): Biomonitorização de metais pesados nos rios da Europa Ocidental Reno e Mosa utilizando o mexilhão de água doce *Dreissena polymorpha. Environ. Pollut.,* 74, 101-114.

**Krebs MA e Ed. G. Webber, Pergaman Press, Oxford, S.** (1972): 397-420.

**Kuballa J., Jantzen E., Wilken R.D.** (1996): Organotin compounds in sediment of the rivers Elbe and Mudle [in:] Sediments and Toxic Substances, *Calamano W., Forstner U., (Eds), Springer, Berlin,* 245-70

**Kulkarni, S.D.** (1993): toxicidade do cádmio em moluscos bivalves de água doce, *Lamellidens marginalis* do rio Godavari perto de Aurangabad. Tese de doutoramento, Universidade de Marathwada, Aurangabad, M.S. Índia. 1-333.

**Kungolos, A. Hadjispyrou, S. Samaras, P. Petala, M. Tsiridis, V. Aravossis, K. e Sakellaropoulos, G. P.** (2001): Assessment of toxicity and bioaccumulation of organotin compounds *Actas da 7ª Conferência Internacional sobre Ciência e Tecnologia Ambiental,* pp. 499 - 505, setembro de 2001

**Kungolos, A., Hadjispyrou, M., Petala,V., Tsiridis, P., Samaras e Sakellaropoulos G.P.** (2004): Toxic properties of metals and organotin compounds and their interactions on *Daphnia magna* and *Vibrio fischeri* water, *Air, and Soil pollution:* Focus 4: 101-110.

**Labonne, M., D. B. Othman e J. M. Luck,** (2001): Isótopos de chumbo em muscéis como marcadores de fontes de metais e movimentos de água numa lagoa (Bacia de Thau, S. França). *Chem. Geology,* 181: 181-191.

**Langstone, W. J. e Burt, G. R.** (1991): Biodisponibilidade e efeitos do TBT ligado a sedimentos em depósitos de amêijoa, *Scrobicularia plana. Mar. Environ. Res.,* 32: 61-67.

**Langstone, W.J.** (1986): Metais em sedimentos e organismos no estuário do Mersey. *Estuar. Sci.,* 23:239261.

**Latner,** (1975): Em bioquímica química W.B. Saunders Company, Philadelphia.

**Laughlin Jr., R.B. e O. Linden.** (1985): Fate and effects of organotin compounds. *Ambio* 14:88-94.

**Laughlin, R.B., Jr.** (1996): Bioacumulação de TBT por organismos aquáticos. In: Organotin: *Environmental Fate and Effects.* Champ, M.A. e P.F. Seligman (Eds.). Chapman and Hall, Londres. pp. 331-335. 215.

**Laughlin, Jr., R.B., J. Thain, B. Davidson, A.O.**

**Valkirs e F.C. Newton, III.** (1996): Estudos experimentais da toxicidade crónica de compostos de tributilestanho. In: Organotin: *Environmental Fate and Effects.* Champ M.A. e P.F. Seligman (*Eds.*). Chapman and Hall, Londres. pp. 191-217.

**Laughlin, R. B. JR., W. French. e H. E. Guard.** (1983): Acute and sublethal toxicity of tributyltin oxide (TBTO) and its pu- tative environmental product, tributyltin sulfide (TBTS) to zoeal mud crabs, *Rhithropanopeus harrisii. Water, Air, and Soil Pollution* 20:69-79.

**Laughlin, R.B, Johannesen, R.B. French, W,Guard, H.e Birnkjman, F.E.** (1985): Relação estrutura-atividade para o composto Organotin. *Environ. Toxicol. Chem.* 4:343-351

**Laughlin, R.B., Jr., H.E. Guard e W.M. Coleman, III.** (1986a.): Tributilestanho na água do mar: Especiação e coeficiente de partição octanol-água. *Environ. Sci. Technol.* 20:201-204.

**Leland, H. V., Luoma, S. N. e Wilkes, D. J.,** (1978): Heavy metals and related trace elements. *J. Water Pollution Control Federation* 50: 1469-1514.

**Linden,E.,Bengtsson,B.-E.,Svanberg,O.**

**Sundstrom,G.**(1979): The acute toxicity of 78 chemicals and pesticide formulations against two brackish water organisms, the bleak *(Alburnus alburnus)* and the harpacticoid Nitcora spinipes. *Chemosphere,* 8,843-851.

**Liu D., Maguire R.J., Lau Y.L., Pacepavicius G.J., Okamura H., Aoyama I.** (1997): Transformação do novo composto anti-incrustante Irgarol 1051 por Phanerochaete chrysosporium, *Wat. Res.,* 31: 2363-69.

**Lloyd, R.M.** (1965): Factores que afectam a tolerância dos peixes ao envenenamento por metais pesados *Biol. Problems in water pollution,* 3rd seminar U.S. Dept. *Health Education and Welfare,* 181.

**Lowe, D.M, e Pipe R.K** (1987) Mortalidade e aspectos quantitativos da utilização de células de armazenamento em mexilhões, *Mytilus edulis,* após exposição a hidrocarbonetos de óleo diesel. Mar Environ Res 22:243-251

**Lowe, J.J., Wilson P.D., Rick A.J., e Wilson A.J.** (1971): Chronic exposure of oysters to DDT, toxaphane and parathion-proc. *Nat. Shellfish Assoc.,* 61, 71-79.

**Macek, K.J., Huteinson, C. e Cope, D.E.** (1968): The effect of temperature on the susceptibility of blue gills and rainbow trout to selected pesticides. *Bull. Environ. Contam. Toxicol,* 4: 174.

**Mackie, G.L.** (1984): Bivalves In: "The mollusca" (Ed. Wilbur, K.M.), *Academic press,* New York, London, 7: 351-402.

**Maguire, R.J.** (1996): The occurrence, fate and toxicity of tributyltin and its degradation products in fresh water environments. In: *Tributyltin: Case study of an environmental contaminant.* S.J. de Mora (Ed.). *Cambridge University Press,* Reino Unido. pp. 94-138.

**Mane U.H. e Muley D.V.** (1987): Variações sazonais na toxicidade do Cythion-Malathion para dois moluscos bivalves de água doce. *Comp. Physiol. Ecol. Vol.* 12, No. 1, pp 25 a 31.

**Mane U.H., Kachole M.S., e Pawar S.S.** (1979): Effect of pesticides and narcotants on bivalve mollusks- Proc. *6th Europ. Malac. Congr. Malacologia,* 18, 347360.

**Mane, U.H., Akarte, S.R. e Kulkarni, D.A.** (1986): Toxicidade aguda do fenitião para os moluscos de água doce, *Indonaia caerulus*, do rio Godavari em Paithan. River at Paithan - uma abordagem bioquímica. *Bull. Environ. Contam. Toxicol* 37: 622-628.

**Manly, R. e George, W. O.** (1977): The occurrence of some heavy metals in populations of the freshwater mussel *Anodonta anatina* (L.) from the river *Thames. Environ. Pollut.,* 14, 139-154.

**Mance, G,** (1987): Pollutation threat of heavy metals in aquatic environment. Elsevier.363 pp. Londres

**Marigomez, J.A. V.Saez, M.P. Cajaraville e E. Angulo. Helgolander Meeresunters.** (1990): Vol. 44 p. 81-94.

**Mary Sr. Avelin** (1984): Efeito de pesticidas em alguns aspectos da fisiologia do camarão de água doce *Macrobrachium lamerrii.* Tese de doutoramento. Universidade de Marathawada, Aurangabad.

**Mathissen, P., e Gibbs, P.E.** (1998): Critical appraisal of the evidence for tributyltin-mediated endocrine disruption in mollusks. Environmental toxicology and Chemistry, 17, 37-43.

**Mckim J.M., Christensen G.M., Tucker J.H., e Benoit, D.A.** (1973): Effects of pollution on freshwater fish- J. Wat. *Pollut Cont. Fed. Wash.,* 45, 1370-1407.

**McLachlan A, Dugan JE, Defeo O, Ansell AD, Hubbard DM, Jaramillo E, Penchaszadeh PE:** (1996). Pesca da amêijoa da praia. Oceanog. *Mar. Biol. Ann. Rev.* 34: 163-232.

**Meador, J. P.** (1993): The effect of laboratory holding on the toxicity response of marine infaunal amphipods to cadmium and tributyltin. *Journal of Experimental Marine Biology and Ecol- ogy* 174:227-242.

**Meador, J.P.** (1997): Comparative toxicokinetics of tributyltin in five marine species and its utility in predicting bioaccumulation and acute toxicity. *Aquat. Toxicol.* 37:307-326.

**Meador,J.P.**(1986): An analysis of photobehavior of Daphnia magna exposed to tributyltin. in Proceedings of the Organotin SymposiumOcean '86 Conference,Washington,DC.,USA,23-25 September, 1986, New York, *The Institute of Electrical and Electronics Engineers,Inc.,4,* 1213-1218.

**Merkord J, Hennighausen G.** (1989): Pancreatite aguda e lesões das vias biliares em ratos induzidas por dicloreto de dibutilestanho. *Exp Pathol* 36:59-62.

**Michaelis, H.** (1996). Problematik der Organozinn- Belastung in Kustengewassern. Niedersachsisches Landesamt fur Okologie, Forschungsstelle Kuste.1-10. (unveroff.)

**Millington, P. J. e Walker, K. F.** (1983): O mexilhão de água doce australiano *Velesunio ambiguus* (Philippi) como monitor biológico de zinco, ferro e manganês. *Aust. J. Mar. Fresh. Res.,* 34, 873-892.

**Moore M. N.. D. M Lowe, S. L. Moore,** (1979): Indução da desestabilização lisossómica em moluscos bivalves marinhos expostos ao ar. Marine. Biol. Letters, 1, 47-57.

**More, T. G., R. A. Rajput e N. N. Bandela,** (2003): Impact of heavy metals on DNA content in the whole body of freshwater bivalve, *Lamelleiden marginalis. Environ. Sci. Pollut. Res.,* 22: 605- 616.

**Mudkhede L.M.** (1974): Some biological aspects of the clam, *Corbicula regularis.* Tese de doutoramento, Universidade de Marathwada (Índia, pp. 42-77).

**Nagaratnamma, R. e R. Ramamurthy.** (1982b): A shift from aerobic to anaerobic metabolism in a freshwater teleost, *Cyprinus carpio* during organophosphate pesticide intoxication. *1st All India conference on Limnology* (Abstr. No. 63, page, 50.)

**Naimo T.J.** (1995): A review of the effects of heavy metals on freshwater mussels. *Ecotoxicologia* 4, 341-362.

**Naimo, T. J.; Waller, D. L. e Holland-Bartels, L. E.** (1992): Heavy metals in the threeridge mussel *Amblema plicata plicata* (Say, 1817) in the Upper Mississipi river. *J. Fresh. Ecol,* 7: (2), 209-218.

**Nambisan, P.N., Lakshmanan, P.T. e Mohammad salih.** (1977): Acumulação de iões metálicos, a partir do ambiente. *Curr. Sci.,* 46 (130: 437).

**Neuberger-Cywiak L, Achituv Y, Garcia EM** (2003): Efeitos do zinco e do cádmio no comportamento de escavação LC50 e LT50 em *Donax trunculus* Linnaeus (Bivalvia - Donacidae). *Bull. Environ. Contam. Toxicol.* 70: 713722.

**Newton F, Athum, B david son A. Valkirs e B. Scligman.** (1985): Effects on the growth and survival of eggs and embryos of *the California grunion* (Leuresthes tenuis) exposed to stress level of tributyltin NOSC- TI- 1040or AD-AL162-445-1. *Nat. Tech. Inform. Sevice. Spring field, VA.* 17 pp.

**Niyogi S, Biswas S., Sarkers e Datta A.G.** (2001): Antioxidant enzymes in brackiswater oyster, Sacostrea cucullata as potential biomarkers of polyaromatic hydrocarbon pollution in Hooghly Estuary (India): Seasionalidade e suas consequências. *Sci Total Environ.* 281, 237-246.

**O'Halloran, K., Ahokas, J.T. e Wright, P.F.A.** (1998a): Os efeitos adversos dos contaminantes aquáticos nas respostas imunitárias dos peixes. *Australasian Journal of Ecotoxicology* **4:** 9- 28.

**Ong ES, Din ZB.** (2001): Toxicidade de Cd, Cu e Zn para a amêijoa, *Donax feba C.*, e para o berbigão do sangue, *Anadara granosa L. Bull. Environ. Contam. Toxicol.* 66: 86-93.

**Patil, S.H.** (1993): Effect of metallic pollutants on some physiological aspects of freshwater bivalve, *Lamellidens marginalis". Tese de doutoramento da Universidade de Marathwada,* Aurangabad, pp.

**Patil, S.S.** (1993): Effect of toxic elements on the bivalve shellfishes, from Maharashtra state. Tese de doutoramento, Dr. B.A. Marathwada University Aurangabad. PP. 1-397.

**Phillips, D. J. H.** (1980): Quantitative aquatic biological indicators: their use to monitor trace metal and organochlorine pollution. *Applied Science Publishers,* Londres. 488 pp.

**Phillips, D.J.H. & Rainbow, P.S.** (1994): *Biomonitorização de contaminantes aquáticos vestigiais.* Chapman & Hall, Nova Iorque.

**Piansiri Piyatiratitivorakul e Pachanee Boonchamoi.** (2008): Comparative toxicity of mercury and cadmium to the juvenile freshwater snail, *Filopaludina martens martensi.* Science *Asia* 34: 367370.

**Pozzi, G.e Merlini: Malacol, M.** (1977): 16 p. 227230. Purchon, R.D. (1977): The Biology of mollusca. II ed., Pergamon, Oxford. Pergamon, Oxford, pp. 1-5.

**Rasmussen L. P. D., Hage E., Karlog O.,** (1985): Light and electronmicroscopic of the acute and long-term toxic effects of N-nitrosodipropylamine and N-methylnitrosurea on the marine musscl Mytilus edulis. Mar. Biol., 85, 55-65.

**Rasmussen, L.,** (1982): Light Microscopical Studies of the Acute Toxic Effects of N-nitrosodimethylamine on the marine mussel Mytilus edulis, J. Invertebr. Pathol, , vol. 39, pp. 66-80.

**Reddy P. S., Bhagyalakshmi A. e Ramamurthi R.** (1985): Efeito do sumithion no crescimento ovariano do caranguejo de arroz de água doce, *Oziotelphusa senex* (Fab). *Toxicol. Letters,* 18: 273 - 276.

**Ribeiro S. Sousa J.P., Nogueira A.J. e Soares A.M.** (2001): Efeito do endosulfan e do paratião nas reservas energéticas e parâmetros fisiológicos do isópode terrestre, *Porcellio dilatatus. Ecotoxicol Environ Saf.* 2001 Jun; 49 (2): 131-138.

**Richard Saint Louis e Emilien Pelletier** (2004): Fluxo de contaminantes do mar para o ar através do rebentamento de bolhas. *Uma abordagem experimental para o tributilestanho. Mar. Chem.* 84. 211-224.

**Ritsema R.** (1994): Dissolved butyltins in marine waters of the Netherlands three years after the ban, *Appl. Organomet. Chem.,* 8: 5-10.

**Roberts Jr., M.H.** (1987): Toxicidade aguda do cloreto de tributilestanho para embriões e larvas de dois moluscos bivalves,*Crassostrea virginica* e *Mercenaria mercenaria. Bula. Environ. Contam. Toxicol.* 39:1012-1019.

**Roesijiadi, G. Robinson, W.E.** (1994): Regulação de metais em animais aquáticos: mecanismo de absorção, acumulação e libertação. In: Malins, DC, Ostrander GK (Eds), *Aquatic Toxicology (Molecular, Biochemical and Cellular Perspectives). Lewis Publishers,* Londres p539.

**Romeril, M.G.** (1971): Alguns dados limnológicos caraterísticas do *hidrómio de Nozha,* perto de Alexandria, *Egito. Hydrobiologia,* 41: 477-500.

**Salazar, M.H. e S.M. Salazar.** (1996): Mussels as bioindicators: Effects of TBT on survival, bioaccumulation, and growth under natural conditions. In: Organotins: *Environmental Fate and Effects. Champ,* M.A., e P.F. Seligman (Eds.). Chapman and Hall, Londres. pp. 305-330.

**Sarradin, P.M., Lapaquellerie, Y., Astruc, A., Latouche, C. e Astruc, M.** (1995): Comportamento a longo prazo e cinética de degradação do tributilestanho num sedimento de marina. *Sci. Total Environ.* 170: 59-70.

**Sastry, A.N.** (1970): Reproductive physiological variation in latitudinaly separated populations of the bay scallop, *Aequipecten irradians* (Lamarck). *Biol. Bull,* 138: 56-65.

**Sastry, A.N.** (1979): Pelecypopa In: Reproduction of Marine Invertebrates (Ed. Giese, A.C. and Pearse, J.S.) *Academic Press, New York. São Francisco,* Londres, Vol. V. 113-205.

**Selvin M.J.** (1976): Compostos de triorganotina como inopheres e inibidores da ATPase de translocação de iões. In: *Compostos organoestânicos: New chemistry and applications Zuckrman J.J. (ed.) American Chemical society* Washington D.C. 204-226.

**Selvin M.J., Dawson A.P., Stockdate M., Gaines N.** (1970): Troca de cloreto de hidroxilo entre eritrócitos mitocondriais e membranas lipídicas artificiais mediada por compostos de trialquil trifenilo. *Eur. J. Biochem.* 14:120-126

**Shejule, K.B., Kharat P.S., Kale, R.S.** (2006): Toxicidade do cloreto de tributilestanho organoestânico para o camarão de água doce, *Macrobrachium kistensis, Jon. Aquacult.* Vol. 7. (1). 141-144.

**Sidoumou Z, Gnassia-Barelli M, Siau Y, Morton V, Romeo M.** (2006): Concentrações de metais pesados em moluscos da costa do Senegal. *Environ. Int.* 32: 384387.

**Smith, B.S.** (1980): O caracol do lodo estuarino, Nassarius obsoletus: Anomalias no sistema reprodutor. Jon. Of Molluscan study, 46, 247-256.

**Stab J.A., Frenay M., Freriks I.L., Brinkman U.A.T., Cofino W.P.** (1995): Survey of nine organotin compounds in the Netherlands using the zebra mussel, *Dreissena polymorpha* as biomonitor, *Environ. Toxicol. Chem,* 14: 2023-32.

**Stewart C.** (1996): A ciência da legislação no controlo do tributilestanho no ambiente marinho [in:] *Tributyltin: case study of an environmental contaminant,* de Mora S.J. (Ed.), New York: Cambridge, pp. 264-97.

**Stiles, S., Choromanski, J., Nelson, D., Miller, J., Greig, R e Sennefelder, G.** (1991):Early reproductive successes of the hard clam, *Mercenaria marcenaria* from *Estuaries*. 14(3): 332-342.

**Suziki, K. T., Sunaga, H., Akoi, Y., Hatakeyama, S., Sumi, Y e Suziki, T.,** (1988): Ligação de cádmio e cobre nas larvas da mosca Baetis termicus que habitam num rio poluído com metais pesados. *Copmp.Biochem.Physiol.* 91 C: 487-492.

**Sujatha,** (1995): Dynamics of some environmentally significant pesticides in a tropical waterway - a toxicological appraoch. *Tese de doutoramento,* Universidade de Ciência e Tecnologia de Cochim, Índia.

**Sujatha, C.H., Nair S.M. e Chacko J.** (1996): Alterações fisiológicas e bioquímicas induzidas pelo óxido de tributilestanho numa amêijoa estuarina tropical. Bull. *Environ. Contam. Toxicol.* 56: 303-310.

**Sultana Masarrat**. (1995): Impacto dos poluentes em alguns aspectos fisiológicos do bivalve de água doce, *Lamellidens marginalis: Tese do Dr. B.A.M.U.* Aurangabad, pp. 1299.

**Takagi S, Mano H, Tsunoda M,** (1992): Toxicidade aguda do cloreto de tri-n-butilestanho (TBTC) no hamster dourado sírio. *J Exp Med* 166(3):309-319.

**Talbot, V.** (1986): Variações sazonais das concentrações de cobre e zinco na ostra, *Saccostrea cuculata* do arquipélago húmido, Austrália Ocidental.

**Tas J.W., Keizer A., Opperhuizen A**. (1996): Bioacumulação e carga corporal letal de quatro compostos de triorganotina, *Bull. Environ. Contam. Toxicol.,* 57: 146-54.

**Teh SJ, Hinton DE.** (1993): Deteção de marcadores histoquímicos enzimáticos de preneoplasia e neoplasia hepática em medaka (Oryzias latipes). *Aquat Toxicol* 24:163-182

**Temmink, J.H.M. e Everts,J.W.**(1987): Comparative toxicity of tributyltin-oxide(TBTO) for fish and snail. in Proceedings of the Seventh World Meeting of the ORTEP-Association. Amesterdão, 7-8 de maio de 1987, Vissingen-Oost, Países Baixos, Associação ORTEP, 6-20.

**Thain J. E.** (1986): Toxicidade do TBT para bivalves; efeitos na reprodução, crescimento e sobrevivência em: Oceans 86, vol. *4 Proc. Internat. Symp. Mar. Technol. Soc.* Washington, D. C. Pp 1306-1313.

**Thain,J.E.(**1983): The acute toxicity of bis(tributyl tin)oxide to the adults and larvae of some marine organisms. Copenhaga, *Conselho Internacional para a Exploração do Mar (CIEM).* 5, Relatório nº C,M,1983/E.13.

**Tim Verslycke, Jordy Vercauteren, Christophe Devos, Luc Moens, Pat Sandra, Colin R. Janssen** ( 2003): Cellular energy allocation in the estuarine mysid shrimp *Neomysis integer* (Crustacea: Mysidacea) following tributyltin exposure. *J. Exper, Mar. Biol Ecol.* 288 (2003) 167- 179.

**Townsin R.L.** (1987): Development in the calculation of rough underwater surface power penalties, Celena 25th Anniversary Symposium, Genoa.

**U'Ren,S.C.(**1983): Toxicidade aguda do óxido de bis(tributilestanho) para um copépode marinho. *Mar. Pollut. Bull, 14,303-* 306.

**Usero J, Morillo J, Gracia. I** (2005): Concentrações de metais pesados em moluscos da costa atlântica do sul de Espanha. *Chemosphere* 59: 1175-1181.

**Valkirs, A., B. Davidson e P. Seligman.** (1985): Sublethal growth effects and mortality to marine bivalves and fish from long-term exposure to tributyltin. NOSC-TR-1042 ou AD-A162-629-0. *Serviço Nacional de Informação Técnica,* Springfield, VA.

**Valkirs,A.O.,Davidson,B.M. e Seligman,P.F.(**1987): Sublethal growth effects and mortality to marine bivalves from long-term exposure totributyltin. *Chemosphere,*16,201-220

**Van Hattum, B.; Van Straalen, N. M. e Govers, A.** J. (1996): Trace metals in populations of freshwater isopods: influence of biotic and abiotic variables. *Arch. Environ. Contam. Toxicol.,* 31, 303-318.

**Voulvoulis N., Scrimshaw M.D., Lester J.N.** (2002): Comparative environmental assessment of biocides used in antifouling paints, Chemosphere, 47: 789-95.

**Wada, O. Manabe, S. e Iwai, H.** (1982): [Progressos recentes no estudo dos métodos analíticos, toxicidade, metabolismo e efeitos na saúde dos compostos organoestânicos]. *Sangyo Igaku* 24:24-54. (Japonês)

**Waldock, M.J. e J.E. Thain.** (1983): Shell thickening in *Crassostrea gigas:* organotin antifouling or sediment induced. *Mar. Pollut. Bull.* 14:411-415.

**Waldock, M.J., J.E. Thain e M.E. Waite.** (1996):
Uma avaliação do valor do espessamento da concha em *Crassostrea gigas* como indicador da exposição ao tributilestanho. In: *Organotin: Environmental Fate and Effects.* Champ, M.A. e P.F. Seligman (Eds.). Chapman and Hall, *Londres.* pp. 219-237.

**Walsh,G.E.(**1986): Organotin toxicity studies conducted with selected marine organisms at EP A's environmental research laboratory, Gulf Breeze, Florida. in proceeding of the Organotin Symposium Ocean'86,

**Wepener, V.** (1997): Ecotoxicologia de metais do rio Olifants no Parque Nacional Kruger e o seu efeito na hematologia dos peixes. *Tese de doutoramento. Universidade Rand Afrikaans.*

**Weis P. e Weiss J.S.** (1977): Methyl mercury teratogenesis in the killi fish Fundulus heteroclitus. Teratology, 16, 317-326.

**White, J. S., Tobin, J. M. e Cooney, J. J.** (1999): Organotin compounds and their interactions with microorganisms", *Canadian J. Microbiol.* 45(7), 541554.

**OMS** (1993): *Biomarkers and Risk Assessment: concepts and principles* (Organização Mundial de Saúde, Genebra.

**OMS.** (1990): Programa internacional sobre segurança química - critérios de saúde ambiental para o tributilestanho. *Organização Mundial de Saúde* (ICS/EHC/89.29), *Genebra, Suíça.* 229 pp.

**Widdows, J. e D.S. Page.** (1993): Effects of tributyltin and dibutyltin on the physiological energetics of theussel, *Mytilus edulis. Mar. Environ. Res.* 35:233249.

**Wulf R.G., e Byington K.H.** (1975): Sobre a relação estrutura-atividade do inchaço do *arco* mitocondrial hepático dependente de energia induzido por organoestânicos. *Biochem. Biophys.* 167:176-185.

**Yebra D.M., Kiil S., Yebra K.D.J.**, (2004): Antifouling technology-past, present and future steps towards efficient and environmentally friendly antifouling coatings, *Progress Org. Coat.,* 50: 75-104.

MIX
Papier aus verantwortungsvollen Quellen
Paper from responsible sources
FSC® C105338

FSC
www.fsc.org

Printed by Books on Demand GmbH, Norderstedt / Germany